U0238796

电力系统综合实验教程

王 慧 主编

山东大学出版社

内容提要

《电力系统综合实验教程》是"电力系统工程基础""电力系统自动控制技术""电力系统分析""综合实验"等理论课程的实验配套教材。

全书共分13章,主要介绍了电力系统的基础知识,电力系统的实验设备,同步发电机励磁控制实验,同步发电机准同期并列实验,一机一无穷大系统稳态运行方式实验,电力系统功率特性和功率极限实验,电力系统暂态稳定实验,单机带负荷实验,复杂电力系统运行方式实验以及智能电网分析与设计实验等内容。

本书不仅可以作为高等学校电力工程类师生的参考用书,也可以作为继续教育的培训教材,还可供有关技术人员参考。

图书在版编目(CIP)数据

电力系统综合实验教程/王慧主编.—济南:山东大学出版社,2018.3(2019.11 重印)

ISBN 978-7-5607-6041-4

Ⅰ.①电… Ⅱ.①王… Ⅲ.①电力系统—实验—教材 Ⅳ.①TM7-33

中国版本图书馆 CIP 数据核字(2018)第 051070 号

策划编辑:刘旭东
责任编辑:宋亚卿
封面设计:牛　钧

出版发行:山东大学出版社

社　　址　山东省济南市山大南路 20 号

邮　　编　250100

电　　话　市场部(0531)88363008

经　　销　新华书店

印　　刷　泰安金彩印务有限公司

规　　格　787 毫米×1092 毫米　1/16
　　　　　11 印张　251 千字

版　　次　2018 年 3 月第 1 版

印　　次　2019 年 11 月第 2 次印刷

定　　价:22.00 元

前　言

　　本书是配合"电力系统工程基础""电力系统自动控制技术""电力系统分析""综合实验"等课程的实验教学而编写的。在内容的编写上,本书力求理论联系实际,突出针对性和实用性,便于学生创新能力的培养。本书既可以作为以上课程理论教学的配套教材,也可以作为相应课程的参考书。

　　本书共分为13章。第1章主要介绍了实验在教学中的重要性和电力系统的研究方法;第2章介绍了电力系统的基础知识;第3章介绍了电力系统的实验设备;第4章介绍了电力系统的微机监控实验系统;第5~12章是基本实验,分别介绍了同步发电机励磁控制实验,同步发电机准同期并列实验,单机—无穷大系统稳态运行方式实验,电力系统功率特性和功率极限实验,电力系统暂态稳定实验,单机带负荷实验,复杂电力系统运行方式实验,电力系统调度自动化实验;第13章介绍了智能电网分析与设计实验。实验部分融汇了电力系统自动化基础知识,通过实验给出了解决电力系统相关问题的基本思路。为加深对课程内容的理解,书中附有复习思考题。附录部分给出了阅读正文的有关章节时所需的参考资料。

　　本书由山东大学的王慧担任主编,由山东大学的于静、武汉华大电力自动技术有限责任公司的易长松担任副主编,武汉华大电力自动技术有限责任公司的邓强强、董庆参加了编写。全书由王慧统稿,山东大学的张文教授审阅。本书在编写过程中不仅得到了张文教授的帮助和指导,还得到了电气工程学院领导和实验中心领导的大力支持,在此表示衷心的感谢!

　　由于编者水平有限,书中错误及不足之处在所难免,敬请读者批评指正。

编　者

2017 年 12 月于山东大学

目　录

第1章 概　述

1.1　实验在教学中的重要性

时代的特征直接反映了所需人才的特征。我们的时代是科技时代,科学技术不仅仅是知识,还必须要转化为生产力,这种转化就要理论联系实际,应用知识;我们的时代又是激烈竞争的时代,不断创新才有活力,才有发展,才能立于不败之地;我们的时代也是多变的时代,国际形势风云变幻,市场经济瞬息万变,适应变化、准备变化、驾驭变化是时代对人才的特殊要求。因此,新时期人才应具备以下特征:实践性特征,即善于理论联系实际,长于应用;创造性特征,即不断开拓,勇于创新;适应性特征。随着世界科学技术的进步和发展,科学实验教育将成为教育的一部分。今天,在人们极力寻求适应社会需要的教育新途径时,重新认识科学实验教育的作用和地位有着重要的现实意义。

1.1.1　科学实验教育的特点

科学实验是科学研究的一种方法,其本质是人们能动地、理性地认识自然、改造自然的实践活动。它具有如下特点:

1.1.1.1　以客观事实为唯一准绳

这是有别于其他科学方法的根本点。科学实验的目的是获取大自然中关于物质运动的第一手资料,以揭示物质运动的规律、特性,及各种自然现象之间的相互联系。其基本手段是观察、测量。

1.1.1.2　理论与实践密切结合

科学实验的实现过程是通过对科学仪器的操作和人的感知活动来完成的,这些操作和感知活动一刻也离不开理论的指导。理性的观察可以获得难以注意到的蛛丝马迹,而盲目的观察却常常视而不见,这在科学史上屡见不鲜。观察和测量为人们提供了认识世界的新资料,但事实本身不能构成科学,科学实验的重要组成部分是分析实验结果使之上升为理论。因此,科学实验本身就是理论和实践的结合体。

1.1.1.3　对实验者的个性品质有特殊要求

由于科学实验与其他科学方法不同,因此,对于实验者的个性品质有如下特殊要求:①应变能力。因为实验者直接接触自然现象,这是纷纭变化的自然现象对实验者的必然要求。②直觉能力。在科学实验中,对某一现象的敏锐捕捉,或对某一结果的正确解释,常常依赖于实验者的大胆直觉,这种直觉基于实验者深厚的理论功底和大量经验事实的积累。③灵巧的动手能力。这不仅体现在仪器的操作方面,还体现在仪器的设计和制作方面。历史上典型的成功实验,几乎都伴随着新仪器的诞生。④协作能力。科学实验,尤其是现代科学实验,绝对不是靠某个人的力量完成的,因而良好的协作是实验成功的必要因素。

1.1.2　科学实验教育的功能

科学实验教育的功能是指由科学实验教育直接导致的有关学生基本身心发育的作用。它主要有以下几点:

1.1.2.1　能促进学生手和脑的协调发展

手和脑发展的结合点是实践活动,它们的发展是相互促进的。合理的操作要有思维来指导,在思维指导下的熟练操作往往是产生新思想的源泉,所谓"熟能生巧"就是这个道理。

科学实验是能动的实践活动,是手和脑并用的过程。科学实验教育是通过学生亲自进行科学实验来完成的。实验的对象是自然现象,因而信息源是开放的,这与一般的书本知识不同,因为课本上的题通常是封闭的,有确定答案的,而且给出了所有必要的信息。开放的信息源需要人们去获取、筛选,学生利用科学仪器去获取信息,并通过归纳、演绎、类比、分析、综合、抽象等方法选择、提炼信息,从而不仅锻炼了手的技能,也锻炼了思维。所以科学实验教育具有协调发展学生手和脑的特殊功能,是一般的课堂教学难以代替的。考虑到我国传统的思维方式以直观思辨为特点,忽略了实验的地位,以及传统的学习重视读书,轻视动手等给社会和人们造成的影响,科学实验教育的这一功能便显得更有重要的现实意义。

1.1.2.2　能促使学生建立良好的认知结构

所谓认知结构,即学生头脑中的知识结构。教学的首要任务,是使学生建立良好的认知结构。良好的认知结构表现在以下两个方面:一要有利于向更深层次进行转化,即适应新的建构;二要能够在实际中应用。科学实验教育对学生建立良好的认知结构有特殊的功能。

1.1.2.3　能发展学生各方面的能力

科学实验教育对发展学生的能力有着无可估量的作用,它主要可以发展学生以下几个方面的能力:

1.协作能力

协作能力涉及学生的社交能力、工作能力、组织能力等,是现代社会对人才的一个重要要求,但是现行的学校教学体制很难培养学生的协作精神,科学实验教育则不然。从实验课来看,一般的学生实验都是分小组进行的,由于实验会涉及多方面的知识和能力,这会促使小组内的同学相互协助,相互争论,共同提高,齐心完成共同的题目。

2.创造能力

有所发明,有所创造是国家振兴迫切需要的。科学实验教育在培养学生的创造能力上主要表现为:在传授知识和技能的同时,教授学生科学的思想方法及对待科学的态度等。教学用的科学实验常常是历史上著名的科学实验,这些实验不仅展现了科学发现的全过程,蕴藏着深刻的科学思想,而且体现了科学家对待科学的态度以及创造的光辉。

1.2 电力系统的研究方法

同其他科技领域的研究方法一样,电力系统的研究方法可以概括为理论分析和科学实践两种途径。理论分析无疑是极端重要的,它不仅能够阐明电力系统的基本规律,而且能够用于探索新原理和新方法。但是由于电力系统的组成复杂,元件的种类与数量很多,其暂态过程较为复杂,仅靠理论分析往往难以得到全面的知识。因此,需要与科学实验相结合才能获得较全面的知识。同时,有些新的原理和规律,也往往是在科学实验的启发下总结出来的。

电力系统的实验可以在实际电力系统上进行,也可以在模拟的电力系统上进行。显然,在实际电力系统上进行的实验可以得到最真实的结果,但是想要在实际的系统上实验往往受到很多条件的限制,如时间、经济性、安全性等多方面因素的制约。对于一些会造成严重后果的实验项目,如短路、振荡、失步等,由于系统运行条件的限制,不一定都能够进行,更不能进行多次重复性试验。特别是对于一些发展规划中的工程项目,则更难以在现有的电力系统中进行。因此,模拟实验在电力系统的研究工作中具有十分重要的意义。

电力系统的模型实验方法有数字仿真和物理模拟两种。国内一般将采用数学方法进行实验研究的方式习惯称为"数字仿真",将采用物理方法进行实验研究的方式习惯称为"物理模拟"。

1.2.1 电力系统的数字仿真

数字仿真是建立在数学方程式基础上的一种对原型系统进行仿真研究的方法。对于各种物理现象,在一定条件下写出其运动过程中的数学方程式,借助专门的数学求解工具进行求解,以得出所需要的结果。历史上曾经出现过的电力系统数字仿真研究有以下几种:直流计算台、交流计算台、模拟式电子计算机等。直流计算台以电阻来模拟系统中的各元件。交流计算台以电阻、电感、电容、变压器、移相装置模拟系统中的各元件,以直流电压或中频交流电压为电源,用以计算系统中的功率分布、短路电流和系统的稳定性。这些功能目前已完全由数字式电子计算机代替。模拟式电子计算机及其运算放大器组成系统中各元件的模型,用以分析系统的暂态过程。但由于这种计算机可供使用的元件数量有限,所能研究的系统规模不可能大,因此,这类数字仿真始终未能得到广泛的应用。

目前,通用数字式电子计算机已被广泛地应用于电力系统的运行、设计和科学研究各个方面。自 1956 年成功地运用它计算潮流分布以来,几乎所有主要的电力系统计算都已使用这种计算机。目前,复杂系统的潮流分布、故障分析、稳定性分析等常规计算或暂态过程仿真、谐波分析、继电保护整定等专业性更强的计算,都已有商品化软件包可供选用。而这些计算对硬件条件的要求也较过去大为降低,几乎各种型号的微型计算机都可用作此类计算。

1.2.2 电力系统的物理模拟

电力系统动态模拟属于电力系统的物理模拟,是采用了与原型系统具有相同物理性质且参数标幺值一致的模拟元件,根据相似原理建立起来的电力系统物理模拟。该模型是基于相似原理把实际电力系统按一定的模拟比例关系缩小并保留其物理特性的电力系统复制品。通俗地说,电力系统的物理模拟就是把真实的电力系统缩小到实验室中,是真实电力系统的缩影。电力系统动态模拟主要由模拟发电机、模拟变压器、模拟输电线路、模拟负荷和有关调节、控制、测量、保护等模拟装置组成。因为有做旋转运动的模拟发电机组、模拟负荷机组,故可以模拟电力系统的各种实时运行状态,反映电力系统的动态特性,如原动机的调速特性、发电机的励磁特性、负荷随电压频率变化的动态特性等,所以称为电力系统动态模拟。在模拟系统中,如果没有做旋转运动的模拟发电机组、模拟负荷机组,则该模型就不能反映电力系统动态特性,称之为电力系统静态模拟。

电力系统动态模拟的主要特点是能够直接观察到各种现象的物理过程,便于获得明确的物理概念。特别是对于某些新问题和物理现象,由于认识上的局限性,不能或不完全能用数学方程式表示时,利用物理模型可以探索到现象的本质及其变化的基本规律。物理模拟的实验结果,还可以用来校验电力系统的理论和计算公式以及在建立数学方程式时各种假设的合理性,并为理论的简化指出方向,进而使得理论得到进一步的完善和发展。

电力系统动态模拟的另一个显著特点就是,可以将新型的继电保护和自动控制装置直接接入动态模拟系统中,进行各种工况和短路故障实验,考核各种装置的各种性能。

电力系统动态模拟的缺点是待研究的系统规模不能过大,而且对模拟装置的参数调整范围有一定的限制,实验前模拟参数的配置和改变运行方式的调整比较复杂。

第2章 电力系统基础知识

2.1 电网的等值电路

电力系统是由各种电器元件组成的有机整体。要对电力系统进行分析和计算,首先要掌握各元件的电气特性,建立等值电路与数学模型。本节将着重讨论输电线路和变压器的等效电路及其数学模型。在电力系统正常运行的情况下,可以近似地认为系统的三相结构完全对称。在这种情况下,系统各处的电压、电流都是三相对称且只含正序分量的正弦量。在系统不对称运行或发生不对称故障时,系统中还有可能出现负序分量和零序分量。本节将只介绍有关正序分量的参数和等值电路。

2.1.1 电力线路的数学模型

2.1.1.1 电力线路的参数

电力线路按作用分类,可分为输电线路和配电线路;按线路结构的不同,可以分为架空线路和电缆线路。由于架空线路的建设成本低,且便于施工、维护和检修,因此在电力系统中,绝大多数的线路都采用架空线路。这里着重介绍架空线路的参数,电缆线路可以根据厂家的数据或者实测求得。

当架空线路传输电能时,将伴随一系列的电气现象。第一,电流流过导线时会因电阻的损耗而产生热量。第二,当交流电流流过电力线路时,在三相导线内部和三相导线周围都要产生交变的电磁场,而交变磁通匝链导线后,将在导线中产生感应电动势。第三,当交流电压加在电力线路上时,在三相导线周围会产生交变的电场,在它的作用下,不同相的导线之间和导线与大地之间就会产生位移电流,从而形成电容电流与容性功率。第四,在高电压的作用下,输电线周围的空气会游离放电,而且由于绝缘的不完善,可能引起少量的电流泄漏。在电力系统中,将用一些电气参数来反映这些基本的物理现象:用电阻来反映线路的发热,用电抗来反映线路的磁场效应,用电纳来反映线路的电场效应,用电导来反映线路的电晕现象和泄漏现象。

1. 线路的电阻

由中学物理知识可知,有色金属导线的直流电阻可以按下式计算:

$$r_1 = \frac{\rho}{S} \tag{2-1}$$

式中,r_1 为导线单位长度的电阻(Ω/km);ρ 为导线材料的电阻率($\Omega \cdot mm^2/km$);S 为导线载流部分的截面积(mm^2)。

在实际计算中,导线材料的电阻率采用的数值是:铝为 31.5 $\Omega \cdot mm^2/km$,铜为 18.8 $\Omega \cdot mm^2/km$。它们略大于这些材料的直流电阻率,这是因为需要考虑集肤效应,而且采用的额定截面积又多半略大于实际截面积。

实际上,各种型号的电阻值都可以在《电力工程手册》中查到。但应注意的是,手册中所列出的电阻值,都是指温度为 20 ℃时的数值。当计算精度要求较高时,可以根据实际温度按照下式修正:

$$r_t = r_{20}[1 + \alpha(t - 20)] \tag{2-2}$$

式中,r_t、r_{20} 分别为 t ℃和 20 ℃时的单位长度电阻(Ω/km);α 为电阻温度系数,对于铜为 0.00382/℃,对于铝为 0.0036/℃。

2. 线路的电抗

当三相导线中流过交流电流时,在导线及其周围空间中将产生交变磁场,从而在导线中产生感应电动势。在电力系统稳态分析中,这一感应电动势将用电流流过电抗所产生的电压降落来代替。电流的电抗与导线的截面积及导线在杆塔上的布置有关。由电磁场理论可知,当三相导线的距离不相等时,三相线路各相的电感不相等。在实际的电力系统中,为了使线路的电抗对称,应每隔一段距离将三相导线进行换位,使每相导线均匀地处在三个不同位置上,如图 2-1 所示。

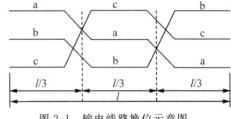

图 2-1 输电线路换位示意图

在均匀换位的情况下,三相导线单位长度的电感相等,每相单位长度的等效电抗数值可以表示为

$$x_1 = 0.1445\lg\frac{D_m}{r} + 0.0157\mu_r = 0.1445\lg\frac{D_m}{r'} \tag{2-3}$$

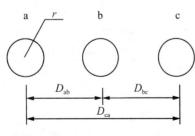

图 2-2 三相线路示意图

式中,x_1 为导线单位长度的电抗(Ω/km);r 为导线半径,如图 2-2 所示;D_m 为三相导线的几何均距,$D_m = \sqrt[3]{D_{ab}D_{bc}D_{ca}}$;$\mu_r$ 为导线材料的磁导率,对于铝、铜等,$\mu_r = 1$;r' 为导线的几何半径,$r' = 0.779r$。

由于电抗与几何均距、导线半径直接为对数关系,导线在杆塔上的布置和导线截面积的大小对线路的电抗没有显著影响,所以架空线路的电抗一般都在 0.4 Ω/km 左右。

在高压和超高压电力系统中,为了防止在高压作用下由于导线周围空气的游离而发生电晕,往往采用分裂导线,即每相用几根型号相同的导线并联成复导线,各个导线的轴心对称地布置在半径为 R 的圆周上,导线之间用支架支撑。图 2-3 是采用四分裂导线的三相电路示意图。分裂导线等效于增大了导线半径,从而可以减小导线表面的电场强度,避免在正常运行情况下发生电晕。

　　分裂导线每相的等效电抗数值可表示为

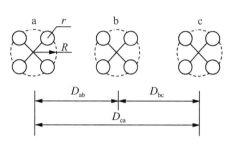

$$x_1 = 0.1445 \lg \frac{D_m}{r_{eq}} + \frac{0.0157}{n} \mu_r \qquad (2-4)$$

式中,n 为每相的分裂导线数,图 2-3 中,$n=4$;r_{eq} 为分裂导线的等效半径,其计算公式为

$$r_{eq} = \sqrt[n]{r(d_{12}d_{13}\cdots d_{1n})} = \sqrt[n]{r d_m^{(n-1)}} \qquad (2-5)$$

式中,r 为单根导线的半径;$d_{12},d_{13},\cdots,d_{1n}$ 为一相中一根导线与其余 $(n-1)$ 根导线之间的距离;d_m 为一相中导体之间的几何均距。

图 2-3　采用四分裂导线的三相电路示意图

　　分裂导线线路由于每相导线的等效半径增大,使每根导线的电抗减小,一般比单根导线线路的电抗减小 20% 以上。例如,当分裂导线的根数分别为 2、3、4 时,每千米导线的电抗分别为 0.33 Ω、0.30 Ω、0.28 Ω 左右。当分裂导线的根数增多时,电抗的下降已不明显。

　　3.线路的电纳

　　当三相导线上施加交流电压后,在导线周围将产生交变电场,其分布不但与各个导线上的电荷变换情况相关,而且大地的存在对它也有影响。由于相间及相与地之间均存在电位差,而它们之间靠空气等绝缘介质隔开,因而相间和相与地之间必有一定的电容存在,如图 2-4 所示。在电力系统稳态分析中,用一相等效电容来反映导线上的电荷与本导线上的电压以及另外两相导线上的电压对它的影响,如图 2-5 所示。

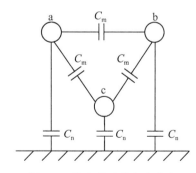

图 2-4　输电线路的电容分布

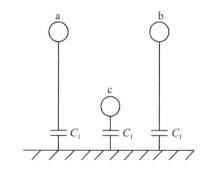

图 2-5　输电线路的等效电容

　　三相输电线路每相对地的等效电容数值可以表示为

$$c_1 = \frac{0.0241}{\lg \dfrac{D_m}{r}} \times 10^{-6} \qquad (2-6)$$

式中,c_1 为单位长度等效对地电容(F/km);D_m 和 r 的含义与式(2-3)中的相同。在工频50 Hz 下,架空线路单位长度的等效电纳数值(S/km)为

$$b_1 = \frac{7.58}{\lg \dfrac{D_m}{r}} \times 10^{-6} \qquad (2-7)$$

与电抗相似,架空线路电纳的变化范围也不大。例如,在 110 kV 网络中,普通架空线路单位长度的电纳约为 2.85×10^{-6} S/km。将式(2-7)中的 r 用式(2-5)中的 r_{eq} 代替,即可计算出分裂导线的等效电纳。由于分裂导线改变了导线周围的电场分布,等效增大了导线的半径,因而增大了每相导线的电纳。

4.线路的电导

如前所述,线路的电导是反映当导线上施加电压后的电晕现象和绝缘子中所产生的泄漏电流的参数。对于110 kV 以下的架空线路,与电压有关的有功功率损耗主要是由绝缘子泄漏电流所引起的,但在一般情况下线路的绝缘良好,其泄漏电流很小而可以忽略不计。对于110 kV 及以上的架空线路,与电压有关的有功功率损耗主要是由电晕放电所造成的。其物理现象是:当导体表面的电场强度超过空气的击穿强度时,空气中原有的离子将具备足够的动能,并撞击其他分子使其发生电离,从而使线路产生有功功率损耗。在这个过程中,在导线表面的某些部分可以看到蓝色的光环,并听到"刺刺"的放电声和闻到臭氧味。由于这一功率损耗只与线路的电压有关,而与线路中流过的电流无关,因此用电导参数来反映。在三相电压对称的情况下,如果已知三相线路每千米的电晕有功功率损耗 ΔP_0,则可以用式(2-8)近似计算一相的对地等值电导值。

$$g_1 = \frac{\Delta P_0}{U^2} \times 10^{-3} \qquad (2-8)$$

式中,g_1 为单位长度的电导(S/km);ΔP_0 为线路每千米的电晕有功功率损耗(kW);U 为线路的线电压(V)。

由于线路的电晕放电不仅会产生有功损耗,而且还会对无线电通信产生干扰,因此,在设计时一般规定在正常气候下必须避免发生电晕。防止电晕的一种有效方法是增大导线的半径,以减小导体表面的电场强度;另一种是采用分裂导线。

2.1.1.2 电力线路的正序等效电路及数学模型

前面已经介绍了线路单位长度的参数及其计算方法,实际上,线路每相的等值参数 r_1、x_1、g_1、b_1 是沿线均匀分布的,也就是说,在线路任一微小长度内都存在电阻、电抗、电导和电纳。由于 r_1、x_1 是与线路电流相联系的物理量,因此用阻抗 $z_1 = r_1 + jx_1$ 表示并将它作为串联元件;而 g_1、b_1 是与线路电压相联系的物理量,用导纳 $y_1 = g_1 + jb_1$ 表示并将它作为并联元件。在考虑线路参数分布特性的情况下,精确的数学模型可以通过方程式的求解,得出沿线各点用相量表示的电压和电流分布,以及线路两端电压、电流相量之间的关系式。如果将线路用集中参数元件来代替,则可以由两端电压、电流相量之间的关系式导出相应的等值电路。下面将针对线路的正序参数导出线路的正序方程和等值电路。显然,线路的负序方程和等值电路与正序的相同。

1.分布参数模型

考虑参数沿线路均匀分布时,线路的一相电路如图 2-6 所示,其中任一处微小长度 dx 内都具有串联阻抗 $z_1 dx$ 和并联导纳 $y_1 dx$。

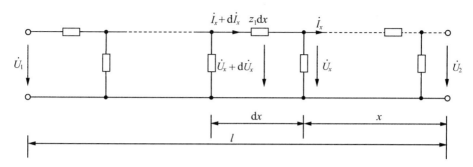

图 2-6 均匀分布参数线路的一相电路

设线路末端 x 处的电压和电流向量分别为 $\dot{U}_x$ 和 $\dot{I}_x$，$x+\mathrm{d}x$ 处分别为 $\dot{U}_x+\mathrm{d}\dot{U}_x$ 和 $\dot{I}_x+\mathrm{d}\dot{I}_x$，则 $\mathrm{d}x$ 段的电压降 $\mathrm{d}\dot{U}_x$ 和电流增量 $\mathrm{d}\dot{I}_x$ 可分别表示为

$$\mathrm{d}\dot{I}_x = \dot{U}_x y_1 \mathrm{d}x \tag{2-9}$$

$$\mathrm{d}\dot{U}_x = \dot{I}_x z_1 \mathrm{d}x \tag{2-10}$$

即

$$\frac{\mathrm{d}\dot{U}_x}{\mathrm{d}x} = \dot{I}_x z_1 \tag{2-11}$$

$$\frac{\mathrm{d}\dot{I}_x}{\mathrm{d}x} = \dot{U}_x y_1 \tag{2-12}$$

以上两式分别对 x 求导数，得

$$\frac{\mathrm{d}^2\dot{U}_x}{\mathrm{d}x^2} = z_1 \frac{\mathrm{d}\dot{I}_x}{\mathrm{d}x} = z_1 y_1 \dot{U}_x \tag{2-13}$$

$$\frac{\mathrm{d}^2\dot{I}_x}{\mathrm{d}x^2} = y_1 \frac{\mathrm{d}\dot{U}_x}{\mathrm{d}x} = z_1 y_1 \dot{I}_x \tag{2-14}$$

对于上面的二阶微分方程，首先求出式(2-13)的通解为

$$\dot{U}_x = C_1 \mathrm{e}^{\sqrt{z_1 y_1}\, x} + C_2 \mathrm{e}^{-\sqrt{z_1 y_1}\, x} \tag{2-15}$$

再对其微分后将其代入式(2-14)，得

$$\dot{I}_x = \frac{C_1}{\sqrt{z_1/y_1}} \mathrm{e}^{\sqrt{z_1 y_1}\, x} - \frac{C_2}{\sqrt{z_1/y_1}} \mathrm{e}^{-\sqrt{z_1 y_1}\, x} \tag{2-16}$$

式中，C_1、C_2 为积分常数；$\sqrt{z_1/y_1} = Z_c$，称为线路的特征阻抗或波阻抗(Ω)；$\sqrt{z_1 y_1} = \alpha + \mathrm{j}\beta = \gamma$，称为线路的传播系数，传播系数的实部反映电压和电流行波振幅的衰减特性，虚部反映行波相位的变化特性，γ 的量纲为 $1/\mathrm{km}$。

Z_c 和 γ 都是只与线路的参数和频率有关而与电压和电流无关的物理量。将 Z_c 和 γ 分别代入式(2-15)和式(2-16)，可以将式(2-15)和式(2-16)分别改写为

$$\dot{U}_x = C_1 \mathrm{e}^{\gamma x} + C_2 \mathrm{e}^{-\gamma x} \tag{2-17}$$

$$\dot{I}_x = \frac{C_1}{Z_c} \mathrm{e}^{\gamma x} - \frac{C_2}{Z_c} \mathrm{e}^{-\gamma x} \tag{2-18}$$

将线路末端 $x=0$ 处的边界条件 $\dot{U}_x=\dot{U}_2$，$\dot{I}_x=\dot{I}_2$ 分别代入式(2-17)和式(2-18)，可以解出

$$C_1=\frac{\dot{U}_2+Z_c\dot{I}_2}{2}, \quad C_2=\frac{\dot{U}_2-Z_c\dot{I}_2}{2}$$

再将它们代回式(2-17)和式(2-18)，并用双曲函数的定义，可以导出

$$\begin{cases} \dot{U}_x=\dot{U}_2\cosh\gamma x+\dot{I}_2Z_c\sinh\gamma x \\ \dot{I}_x=\dfrac{\dot{U}_2}{Z_c}\sinh\gamma x+\dot{I}_2\cosh\gamma x \end{cases} \tag{2-19}$$

式(2-19)便是在已知末端电压、电流的情况下，线路任意点处的电压和电流的表达式。

在式(2-19)中，令 $x=l$，则 $\dot{U}_x$ 和 $\dot{I}_x$ 分别为线路始端电压 $\dot{U}_1$ 和电流 $\dot{I}_1$，于是可得出线路两端电压和电流之间的关系式为

$$\begin{cases} \dot{U}_1=\dot{U}_2\cosh\gamma l+\dot{I}_2Z_c\sinh\gamma l \\ \dot{I}_1=\dfrac{\dot{U}_2}{Z_c}\sinh\gamma l+\dot{I}_2\cosh\gamma l \end{cases} \tag{2-20}$$

分布参数的等效电路可以用 Π 型和 T 型等值电路来代替。但应注意的是，将一条线路用等值电路来代替，实际上是用集中参数的等值电路来反映具有分布参数特性的线路两端电压和电流之间的关系，至于线路中其他各点的电压和电流，在等值电路中并不反映。图 2-7 是 Π 型和 T 型等效电路。

Π 型等效电路中：

$$Z'=Z_c\sinh\gamma l, \quad Y'=\frac{1}{Z_c}\frac{2(\cosh\gamma l-1)}{\sinh\gamma l} \tag{2-21}$$

T 型等效电路中：

$$Z'=Z_c\frac{2(\cosh\gamma l-1)}{\sinh\gamma l}, \quad Y'=\frac{1}{Z_c}\sinh\gamma l \tag{2-22}$$

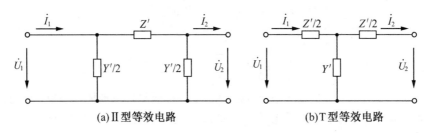

(a)Π型等效电路　　　　　　　　　　(b)T型等效电路

图 2-7　线路分布参数的等效电路

2.集中参数模型

所谓集中参数模型，就是指忽略线路的分布特性，而只将线路参数简单地集中起来。对于较短的线路，通常可以考虑采用集中参数来分析线路端点的情况。类似于分布参数模型，集中参数的等效电路也有两种，即 Π 型和 T 型等效电路，如图 2-8 所示。其中

$$\begin{cases} Z=R+\mathrm{j}X=r_1 l+\mathrm{j}x_1 l \\ Y=G+\mathrm{j}B=g_1 l+\mathrm{j}b_1 l \end{cases} \tag{2-23}$$

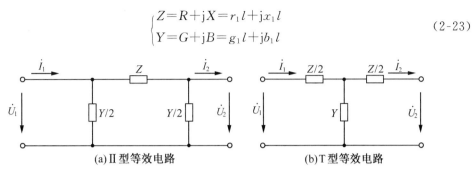

(a)Ⅱ型等效电路　　　　　　　(b)T型等效电路

图 2-8　线路集中参数的等效电路

2.1.2　双绕组变压器的数学模型

2.1.2.1　双绕组变压器的等值电路

三相变压器的绕组可以接成星形(Y)或三角形(△)。在电力系统稳态分析中,无论绕组的实际连接方式如何,都一概化成等值的 Yy(即 Y/Y)接线方式来进行分析,并且用一相等值电路来反映三相的运行情况。采用一相等值电路并不影响变压器两侧电压和电流的大小,以及同一侧电流与电压之间的相位关系,因而不会改变两侧有功功率和无功功率的大小,当然也就不会影响电力系统计算结果的准确性。由《电机学》可知,双绕组变压器可以用图 2-9 所示的 T 型等效电路来表示。

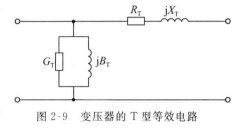

图 2-9　变压器的 T 型等效电路

2.1.2.2　短路试验与变压器等值电路中的电阻和电抗

变压器的短路试验是将变压器一侧的三相短接,在另一侧施加可调的三相对称电压,如图 2-10 所示。

在试验中,逐渐增加外施电压使电流达到额定值 I_N,这时测得的三相变压器消耗的有功功率称为短路损耗 P_K,测得的外施电压值称为短路电压 U_K,它通常用占用额定电压的百分数 $U_K\%$ 来表示。由于短路电压 U_K 比变压器的额定电压小得多,这时的励磁电流和铁芯损耗可以忽略不

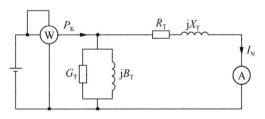

图 2-10　变压器的短路试验示意图

计,于是短路损耗 P_K 可以近似地看成额定电流流过三相绕组所产生的总铜耗,即

$$P_K=3I_N^2 R_T=3\left(\frac{S_N}{\sqrt{3}U_N}\right)^2 R_T \tag{2-24}$$

式中,S_N 为变压器的额定容量。当 S_N 的单位用 MW·A,U_N 的单位用 kV,P_K 的单位用 kW 表示时,式(2-24)可以表示为

$$R_{\mathrm{T}} = \frac{P_{\mathrm{K}} U_{\mathrm{N}}^2}{1000 S_{\mathrm{N}}^2} (\Omega) \tag{2-25}$$

另外,由于变压器的漏电抗比电阻大很多倍,因此,短路电压 U_{K} 与 X_{T} 上的电压降基本相等,从而有

$$U_{\mathrm{K}}\% = \frac{U_{\mathrm{K}}}{U_{\mathrm{N}}} \times 100 = \frac{\sqrt{3} I_{\mathrm{N}} X_{\mathrm{T}}}{U_{\mathrm{N}}} \times 100 = \frac{S_{\mathrm{N}}}{U_{\mathrm{N}}^2} X_{\mathrm{T}} \times 100 \tag{2-26}$$

当各变量采用与式(2-25)相同的单位时,有

$$X_{\mathrm{T}} = \frac{U_{\mathrm{K}}\% \times U_{\mathrm{N}}^2}{100 S_{\mathrm{N}}} (\Omega) \tag{2-27}$$

2.1.2.3　空载试验与变压器等值电路中的电导和电纳

做变压器空载试验时,在一侧施加对称的三相电压,使另一侧三相开路,从而测出总的有功功率损耗 P_0 和空载电流 I_0,如图2-11所示。

空载电流常用其占额定电流的百分数 $I_0\%$ 来表示。由于空载电流很小,它在变压器绕组中引起的铜耗也很小,故可以略去不计而将 P_0 视为变压器铁芯中的有功功率损耗。于是有

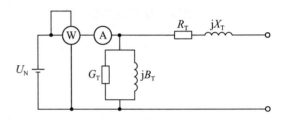

图2-11　变压器的空载试验示意图

$$P_0 = \sqrt{3} U_{\mathrm{N}} (U_{\mathrm{N}} G_{\mathrm{T}}/\sqrt{3}) = U_{\mathrm{N}}^2 G_{\mathrm{T}} \tag{2-28}$$

当 P_0 以 kW,U_{N} 以 kV 为单位时,式(2-28)可以表示为

$$G_{\mathrm{T}} = \frac{P_0}{1000 \times U_{\mathrm{N}}^2} (\mathrm{S}) \tag{2-29}$$

在励磁支路导纳中,通常电导 G_{T} 的数值远远小于电纳 B_{T},即可以近似地认为空载电流 I_0 等于流过 B_{T} 支路的电流,从而有

$$I_0\% = \frac{I_0}{I_{\mathrm{N}}} \times 100 = \frac{U_{\mathrm{N}} B_{\mathrm{T}}}{\sqrt{3}} \times \frac{1}{I_{\mathrm{N}}} \times 100 = \frac{U_{\mathrm{N}}^2}{S_{\mathrm{N}}} B_{\mathrm{T}} \times 100 \tag{2-30}$$

当各变量采用与式(2-25)相同的单位时,有

$$B_{\mathrm{T}} = \frac{I_0\% \times S_{\mathrm{N}}}{100 U_{\mathrm{N}}^2} (\mathrm{S}) \tag{2-31}$$

由以上的分析可以看出,采用适当的近似化简后,变压器空载试验和短路试验所得出的四个数据与等值电路中的四个电气参数有一一对应的关系。

2.2　简单电力系统的潮流分析方法

所谓电力系统的潮流,是指系统中所有运行参数的总体,包括各个母线电压的大小和相位、各个发电机和负荷的功率及电流,以及各个变压器和线路等元件所通过的功率、电

流和其中的损耗。电力系统的潮流计算是电力系统运行和规划中最基本和最经常的计算,其任务是要在已知(或给定)某些运行参数的情况下算出系统中全部的运行参数。一般来说,在潮流计算中,各个母线所供负荷的功率是已知的。潮流计算的原理来自电流,但给定量往往是各节点的注入功率,因此潮流计算属于非线性问题。

2.2.1 电网的电压降落和功率损耗

2.2.1.1 电压降落

在图 2-12 中,设末端电压为 $\dot{U}_2$,末端功率 $\widetilde{S}_2 = P_2 + jQ_2$。

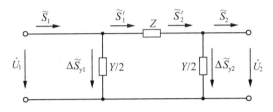

图 2-12 电力线路的潮流分布

由电路定理可知

$$\dot{U}_1 = \dot{U}_2 + \left(\frac{\widetilde{S}_2'}{\dot{U}_2}\right)^* Z \tag{2-32}$$

即

$$\dot{U}_1 = U_2 + \frac{P_2' - Q_2'}{U_2}(R + jX) = \left(U_2 + \frac{P_2'R + Q_2'X}{U_2}\right) + j\left(\frac{P_2'X - Q_2'R}{U_2}\right) \tag{2-33}$$

令

$$\Delta U = \frac{P_2'R + Q_2'X}{U_2}, \quad \delta U = \frac{P_2'X - Q_2'R}{U_2} \tag{2-34}$$

则

$$U_1 = \sqrt{(U_2 + \Delta U)^2 + (\delta U)^2} \tag{2-35}$$

式中,ΔU 是电压降落的纵分量,δU 是电压降落的横分量。在实际的电力系统中,电阻往往很小,则纵分量只与无功电流相关,横分量只与有功电流相关。由图 2-13 可以清晰地看出电压关系。

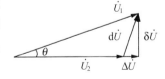

图 2-13 电力线路的电压相量

2.2.1.2 功率损耗

在计算电压降落时,我们可以用式(2-32),但是由于已知的功率为 $\widetilde{S}_2 = P_2 + jQ_2$,而不是 $\widetilde{S}_2' = P_2' + jQ_2'$,因此就要先行算出 $\widetilde{S}_2'$。这一计算过程主要就是计算功率损耗,即计算末端导纳支路的功率 $\Delta\widetilde{S}_{y2}$。由电路定理知

$$\Delta\widetilde{S}_{y2} = U_2^2 \frac{\dot{Y}}{2} = \frac{U_2^2}{2}(G - jB) = \Delta P_{y2} - j\Delta Q_{y2} \tag{2-36}$$

则阻抗支路末端的功率 $\widetilde{S}'_2$ 为

$$\widetilde{S}'_2 = \widetilde{S}_2 + \Delta\widetilde{S}_{y2} = (P_2 + jQ_2) + (\Delta P_{y2} - j\Delta Q_{y2})$$
$$= (P_2 + \Delta P_{y2}) + j(Q_2 - \Delta Q_{y2}) = P'_2 + jQ'_2 \qquad (2\text{-}37)$$

类似地,还可以求出图 2-12 中其余的功率值与功率损耗。阻抗支路中损耗的功率 $\Delta\widetilde{S}_z$ 为

$$\Delta\widetilde{S}_z = \left(\frac{S'_2}{U_2}\right)^2 Z = \frac{P_2'^2 + Q_2'^2}{U_2^2}(R + jX)$$
$$= \frac{P_2'^2 + Q_2'^2}{U_2^2}R + j\frac{P_2'^2 + Q_2'^2}{U_2^2}X = \Delta P_z + j\Delta Q_z \qquad (2\text{-}38)$$

阻抗支路始端的功率 $\widetilde{S}'_1$ 为

$$\widetilde{S}'_1 = \widetilde{S}'_2 + \Delta\widetilde{S}'_z = (\widetilde{P}'_2 + j\widetilde{Q}'_2) + (\Delta P_z + j\Delta Q_z) \qquad (2\text{-}39)$$

始端导纳支路的功率 $\Delta\widetilde{S}_{y1}$ 为

$$\Delta\widetilde{S}'_{y1} = U_1^2 \frac{\dot{Y}}{2} = \frac{U_1^2}{2}(G - jB) = \Delta P_{y1} - j\Delta Q_{y1} \qquad (2\text{-}40)$$

始端功率 $\widetilde{S}_1$ 为

$$\widetilde{S}_1 = \widetilde{S}'_1 + \Delta\widetilde{S}_{y1} = (P'_1 + jQ'_1) + (\Delta P_{y1} - j\Delta Q_{y1}) = P_1 + jQ_1 \qquad (2\text{-}41)$$

2.2.2 辐射形网络的潮流估算方法

这里所说的辐射形网络,是指在网络中不含环形电路,而且全部负荷都只能由一个电源来供电的网络。潮流估算是指采用手工的方法来进行潮流计算。辐射形网络通常用于配电系统,其额定电压较低,供电范围也较小。由于潮流计算较复杂,而且容易出错,因此一般只需求得近似结果即认为满足工程要求。然而,这并不等于说手工计算不能得出精确的解,而是因为实际上并无此必要。在手工计算时,网络中如果有并联的线路或变压器,则通常先将它们的等值电路进行并联简化。

手工计算也有不同的方法,这里介绍其中的一种。为了简单起见,以图 2-14 所示的网络为例来介绍辐射形网络的潮流估算方法。

在母线 4 上的负荷功率 $\widetilde{S}_4$ 给定的情况下,可先假设一个略低于额定电压值的母线 4 的电压 $\dot{U}_4$,运用前述方法计算变压器 2 的电压降落和功率损耗。在求得母线 3 的电压 $\dot{U}_3$ 和该母线上的负荷功率 $\widetilde{S}_3$ 后,又可接着计算线路对地导纳支路和阻抗支路的电压降落、功率损耗,得到母线 2 的电压 $\dot{U}_2$ 和负荷功率 $\widetilde{S}_2$。最后,按求得的 $\dot{U}_2$ 和 $\widetilde{S}_2$ 计算变压器 1 的电压降落和功率损耗,得到母线 1 的电压 $\dot{U}_1$ 和负荷功率 $\widetilde{S}_1$。

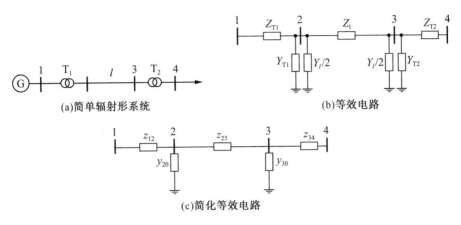

图 2-14 辐射形网络及其等效电路

一般情况下,给定的值中不仅有末端负荷功率 $\tilde{S}_4$,而且还会有始端电压 $\dot{U}_1$,这时的计算必须反复推算才能获得同时满足始末两端两个限制条件的结果。大致步骤是:先运用假设的末端电压 $\dot{U}_4^{(0)}$ 和给定的末端功率 $\tilde{S}_4^{(0)}$,由末端向始端逐步推算,求得始端电压 $\dot{U}_1^{(1)}$ 和功率 $\tilde{S}_1^{(1)}$;再运用给定的始端电压 $\dot{U}_1^{(0)}$ 和求得的始端功率 $\tilde{S}_1^{(1)}$,由始端向末端逐步推算,求得末端电压 $\dot{U}_4^{(1)}$ 和功率 $\tilde{S}_4^{(1)}$;以此类推,不断运用给定的始端电压 $\dot{U}_1^{(0)}$ 和末端功率 $\tilde{S}_4^{(0)}$ 进行计算,直到计算出的始端电压和末端功率与给定值的误差满足要求。

一般来说,为了方便起见,仅进行一次迭代计算。即由给定的末端功率和假设的末端电压由末端向始端推算线路中其他各处的功率,再由给定的始端电压和之前计算出的各处功率由始端向末端推算各处的电压。

2.3　同步发电机励磁控制原理

同步发电机的运行特性与其空载电动势 $\dot{E}_Q$ 值的大小有关,而 $\dot{E}_Q$ 值是发电机励磁电流 I_{EF} 的函数,改变励磁电流就可能影响同步发电机在电力系统中的运行特性。因此,对同步发电机的励磁进行控制,是对发电机的运行实行控制的重要内容之一。在电力系统正常运行时,发电机励磁电流的变化主要影响电网的电压水平和并联机组间无功功率的分配。在某些故障情况下,发电机机端电压降低将导致电力系统的稳定水平下降。为此,当系统发生故障时,要求发电机迅速增大励磁电流,以维持电网的电压水平及稳定性。可见,同步发电机励磁的自动控制在保证电能质量、无功功率的合理分配和提高电力系统运行的可靠性方面都起着十分重要的作用。

2.3.1　概　述

2.3.1.1　同步发电机的励磁系统

同步发电机的励磁系统一般由励磁功率单元和励磁调节器两个部分组成,如图 2-15

所示。励磁功率单元向同步发电机的转子提供直流电流,即励磁电流;励磁调节器根据输入信号和给定的调节准则控制励磁功率单元的输出。整个励磁控制系统是由励磁调节器、励磁功率单元和发电机构成的一个反馈控制系统。

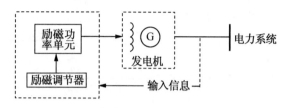

图 2-15　励磁控制系统的构成框图

2.3.1.2　同步发电机励磁控制系统的任务

在同步发电机正常运行或事故运行中,同步发电机励磁控制系统都起着十分重要的作用。优良的励磁控制系统不仅可以保证发电机安全可靠地运行,提供合格的电能,而且还可以有效地提高励磁控制系统的技术性能指标。根据运行方面的要求,励磁控制系统应承担如下任务:

(1)在正常运行下,使同步发电机所带的无功功率在给定水平上。

(2)使并列运行的同步发电机所带的无功功率得到稳定而合理的分配。

(3)增加并入电网运行的同步发电机的阻尼转矩,以提高电力系统的动态稳定性及输电线路的有功功率传输能力。

(4)在电力系统发生短路故障造成发电机机端电压严重下降时,进行强励,将励磁电流迅速增加到顶值,以提高电力系统的暂态稳定性。

(5)在同步发电机突然解列,甩掉负荷时,进行强减,将励磁电流迅速降到安全数值,以防止发电机机端电压过分升高。

(6)在发电机内部发生短路故障时,进行快速灭磁,将励磁电流迅速减到零值,以减小故障损坏程度。

(7)在不同运行工况下,根据要求对发电机实行过励磁限制和欠励磁限制,以确保同步发电机组安全稳定地运行。

2.3.1.3　对励磁系统的基本要求

1. 对功能的要求

励磁系统要具有电压稳定调节功能,无功电流调差功能,必要的励磁限制及保护功能,强励、强减和灭磁功能,励磁系统稳定器和电力系统稳定器等,以实现辅助控制功能。

2. 对性能的要求

励磁系统要有足够的励磁最大值电压和励磁最大值电流,足够的励磁电压上升速度,足够的条件容量,应稳定运行,反应灵敏,快速响应。

2.3.2　励磁系统的励磁方式

励磁功率单元的接线方式也称"励磁方式"。众所周知,同步发电机的励磁电源实质上是一个可控的直流电源。根据励磁电源的来源不同,有很多种励磁方式。在电力系统发展初期,同步发电机的容量不大,由与发电机组同轴的直流发电机供给励磁电流,即所谓的直流励磁机励磁系统。随着发电机容量的提高,所需的励磁电流也相应增大,机械整流子在换流方面遇到了困难,而大功率半导体整流元件的制造工艺却日益成熟,于是大容量机组的功率单元就采用了由交流发电机和半导体整流元件组成的交流励磁机励磁系统。

不论是直流励磁机励磁系统还是交流励磁机励磁系统,一般都是与主轴同轴旋转。为了缩短主轴长度,降低造价,减少环节,后来又出现了用发电机自身作为励磁电源的方法,即以接于发电机出口的变压器作为励磁电源,经硅整流后供给发电机励磁。这种励磁方式称为"发电机自并励系统",又称为"静止励磁系统"。还有一种无刷励磁系统,该系统中交流励磁机与发电机励磁绕组中间不需要滑环和电刷等接触元件,这就实现了无刷励磁。

下面对几种常用的励磁系统进行简要介绍。由于在励磁系统中励磁功率单元往往起到主导作用,因此下面着重分析励磁功率单元。

2.3.2.1 直流励磁机励磁系统

直流励磁机励磁系统是过去常用的一种励磁方式。由于它是靠机械整流子换向整流的,因此当励磁电流过大时,换向会很困难,所以这种方式只能在 10 kW 以下的中小容量机组中采用。直流励磁机大多与发电机同轴,它是靠剩磁来建立电压的,按励磁机励磁绕组供电方式的不同,又可分为自励方式和他励方式两种。

1.自励直流励磁机励磁系统

自励直流励磁机励磁系统中发电机转子绕组由专用的直流励磁机供电,调整励磁机的磁场电阻,可改变励磁机的励磁电流,从而达到人工调整发电机转子电流的目的,以实现对发电机励磁的手动调节。自励直流励磁机励磁系统的原理接线如图 2-16 所示。

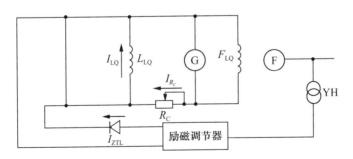

图 2-16 自励直流励磁机励磁系统的原理接线

2.他励直流励磁机励磁系统

他励直流励磁机励磁系统的励磁绕组是由副励磁机供电的,副励磁机与励磁机都与发电机同轴。

自励与他励的区别在于励磁机的励磁方式不同,他励比自励多用了一台副励磁机。他励方式取消了励磁机的自并励,励磁单元的时间常数就是励磁机励磁绕组的时间常数,与自励方式相比,其时间常数减小了,即提高了励磁系统的电压增长速率。他励直流励磁机励磁系统一般用于水轮发电机组。

直流励磁机有电刷、整流子等转动接触部件,运行维护较繁杂,从可靠性上来说,它是励磁系统中的薄弱环节。在直流励磁机励磁系统中,以往常采用电磁型调节器,这种调节器以磁放大器作为功率放大和综合信号的元件,反应速度较慢,但工作较可靠。

2.3.2.2 交流励磁机励磁系统

近代,300 MW、600 MW、1000 MW 及更大容量的机组相继出现,这些大型机组在电力系统中担任了重要的角色。其励磁系统的可靠性与快速响应问题更加受到重视。因直流励磁机有整流环,是安全运行的薄弱环节,容量不能制造得很大,故近代 100 MW 以上的发电机组都已经改用交流励磁机励磁系统。

交流励磁机励磁系统的核心设备是交流励磁机。由于励磁机的容量相对较小,只占同步发电机容量的 $0.3\% \sim 0.5\%$,但要求其响应速度很快,所以现在用作大型机组的交流励磁机励磁系统一般都采用他励的方式,有交流主励磁机也有交流副励磁机,其频率都大于 50 Hz,一般主励磁机为 100 Hz 或更高,也有实验采用 300 Hz 以上的。

交流励磁机励磁系统根据励磁机电源整流方式及整流器状态的不同又可分为以下几种:

1. 他励交流励磁机励磁系统

他励交流励磁机系统的主、副励磁机的频率都大于 50 Hz,其中主励磁机的频率为100 Hz,副励磁机的频率一般为 500 Hz,以组成快速的励磁系统。

在图 2-17 所示的他励交流励磁机励磁系统中,副励磁机是一个 500 Hz 的中频发电机。它是自励式的交流发电机,为保持其端电压的恒定,由自励恒压单元调整其励磁电流,其励磁绕组由本机电压经晶闸管整流后供电。由于晶闸管的可靠起励电压偏高,所以在启动时必须外加一个直流起励电压,直到副励磁的交流电压值足以使晶闸管导通时,副励磁机才能可靠地工作,起励电源才可退出。

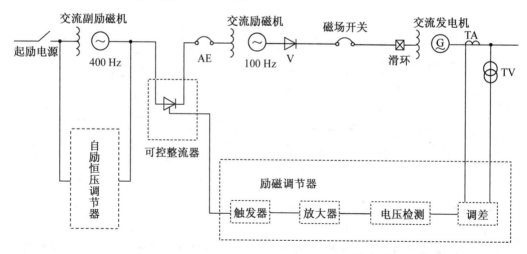

图 2-17 他励交流励磁机励磁系统的原理接线

2.他励无刷励磁系统

他励交流励磁机励磁系统是国内运行经验最丰富的一种系统。它有一个薄弱环节——滑环,滑环是一种滑动接触元件。随着发电机容量的增大,转子电流也相应增大,这会给滑环的正常运行和维护带来困难。为了提高励磁系统的可靠性,就必须设法取消滑环,使整个励磁系统都无滑动接触元件,即所谓的无刷励磁系统。

图 2-18 是无刷励磁系统的原理接线,它的副励磁机是永磁发电机,其磁极是旋转的,电枢是静止的,而交流励磁机正好相反。因为交流励磁机电枢、硅整流元件、发电机的励磁绕组都在同一根轴上旋转,所以它们之间不需要任何滑环与电刷等接触元件,这就实现了无刷励磁。无刷励磁系统没有滑环与碳刷等滑动接触部件,转子电流不再受接触部件技术条件的限制,因此特别适合于大容量发电机组。

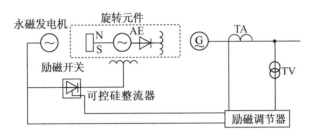

图 2-18　无刷励磁系统的原理接线

此种励磁系统的性能和特点为:

(1)无碳刷和滑环,维护工作量可大为减少。

(2)发电机励磁由励磁机独立供电,供电可靠性高。并且由于无碳刷,整个励磁系统的可靠性更高。

(3)发电机的励磁控制是通过调节交流励磁机的励磁实现的,因而励磁系统的响应速度较慢。为提高其响应速度,除前述励磁机转子采用叠片结构外,还可采用减小绕组电感、取消极面阻尼绕组等措施。另外,在发电机励磁控制策略上还可采取相应措施——增加励磁机励磁绕组顶值电压,引入转子电压深度负反馈,以减小励磁机的等值时间常数。

(4)发电机转子及其励磁电路都随轴旋转,因此在转子回路中不能接入灭磁设备,发电机转子回路无法实现直接灭磁,也无法实现对励磁系统的常规检测(如转子电流、电压,转子绝缘,熔断器熔断信号等),必须采用特殊的测试方法。

(5)要求旋转整流器和快速熔断器等有良好的机械性能,能承受高速旋转的离心力。

(6)因为没有接触部件的磨损,所以也就没有碳粉和铜末引起的对电机绕组的污染,故电机的绝缘寿命较长。

3.静止励磁系统

励磁机本身就是可靠性不高的元件,它是励磁系统的薄弱环节,因励磁机故障而迫使发电机退出工作的事故并不鲜见,故相应出现了不用专门励磁机的励磁方式。静止励磁系统中发电机的励磁电源不用励磁机,而由机端励磁变压器供给整流装置。这类励磁装置采用大功率晶闸管元件,没有转动部分,故称"静止励磁系统"。由于励磁变压器是并联在发电机端的,且发电机向自己提供励磁电源,所以称为"自并励励磁方式"。静止励磁系统如图 2-19 所示。机端励磁变压器供电给整流器电源,经三相全控整流桥直接控制发电机的励磁。

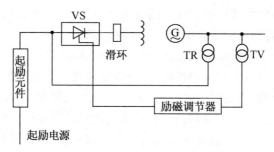

图 2-19 自并励励磁方式接线原理

(1)自并励励磁方式的主要优点如下:

①发电机主轴长度缩短,造价降低,占地减少。

②没有了机械转动或机械接触类元件,使用的元件数目减少,可靠性增加。

(2)自并励励磁方式的缺点如下:

①时间常数较大,对响应速度有不利影响。

②在故障情况下,强励不能充分发挥,发电机不能向系统提供充分的无功功率,这对整个系统的反事故能力是十分有害的。

2.4 发电机的并列

2.4.1 概 述

2.4.1.1 并列操作的意义

在电力系统运行中,理想情况下,任一母线的电压瞬时值均可表示为

$$u = U_m \sin(\omega t + \varphi) \tag{2-42}$$

式中,U_m 为电压幅值(V);ω 为电压角频率(Hz);φ 为初相角(°)。

这三个重要参数常被指定为运行母线的状态量。

如图 2-20 所示,一台发电机组在未投入系统运行之前,它的电压 U_G 与并列母线电压 U_M 的状态量往往不等,须对待并发电机组进行适当的操作,使之符合并列的条件后才允许断路器 DL 合闸做并网运行。这一系列操作称为"并列操作"。

电力系统在正常运行时,为了维持其频率、电压在允许的范围内,必要时要根据负荷的波动投入或切

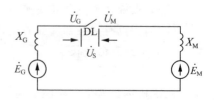

图 2-20 并联操作示意图

除发电机;检修完毕,要将机组重新投入;在故障(如过流、失磁等)情况下,为了保护发电机,或为了保持主系统的稳定,需要切除发电机,并在合适的时候将其重新投入运行;有时

需要将备用发电机迅速投入运行。针对上述情况,都需要在必要时将发电机重新投入电网。可见,在电力系统运行中,并列操作是较为频繁的。

2.4.1.2 并列操作遵循的原则

并列瞬间,如果发电机的冲击电流较大,甚至超过允许值,所产生的电动力可能损坏发电机;并且,冲击电流通过其他电气设备,还会使其他电气设备受损。并列后,在非同步的暂态过程,发电机处于振荡状态,将遭受振荡冲击;如果发电机长时间不能进入同步运行,可能导致失步,使并列不成功。随着电力系统的容量不断增大,同步发电机的单机容量也越来越大,大型机组不恰当的并列操作将导致严重后果。因此,对同步发电机的并列操作进行研究,提高并列操作的准确度和可靠性,对于系统的可靠运行具有很大的现实意义。

同步发电机并列遵循的原则为:

(1)并列断路器合闸时,冲击电流应尽可能的小,其瞬时最大值一般不超过1~2倍的额定电流。

(2)发电机组并入电网后,应能迅速进入同步运行状态,其暂态过程要短,以减少对电力系统的扰动。

同步发电机的并列方法可分为准同期并列和自同期并列两种。在电力系统正常运行的情况下,一般采用准同期并列方法将发电机组投入运行。

2.4.1.3 准同期并列

准同期并列,也称"准同步并列操作",是指发电机在并列合闸前已励磁,当发电机频率、电压相角、电压幅值分别和并列点系统侧的对应值接近相同时,将发电机的断路器合闸,完成并列操作。

设发电机电压 $\dot{U}_G$ 的角频率为 ω_G,系统电压 $\dot{U}_X$ 的角频率为 ω_X,它们之间的相量差为 $\dot{U}_G - \dot{U}_X = \dot{U}_S$。计算并列操作时的冲击电流的等值电路如图 2-21 所示。当电网参数一定时,冲击电流的大小取决于合闸瞬时的 $\dot{U}_S$ 的值。要求 QF 合闸瞬间 $\dot{U}_S$ 尽可能的小,其最大值应使冲击电流不超过允许值。最理想的情况是 $\dot{U}_S$

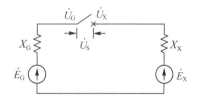

图 2-21 等值电路

的值为零,这时 QF 合闸的冲击电流也就等于零。同时,希望发电机并列后能顺利进入同步运行状态,对电网无任何扰动。

综上所述,发电机并列的理想条件为并列断路器两侧电源电压的三个状态量全部相等,所以并列的理想条件可表达为:$\omega_G = \omega_X$,即频率相等;$U_G = U_X$,即电压幅值相等;$\varphi_e = 0°$,即相角差为零。

因此,准同期并列的特点是并列时冲击电流小,不会引起系统电压降低;但并列操作过程中需要对发电机的电压、频率进行调整,并列时间较长且操作复杂。其使用场合为正常情况下发电机的并列,是发电机的主要并列方式,但因为并列时间较长且操作复杂,故不适用于紧急情况的发电机并列。

2.4.1.4 自同期并列

自同期并列,也称"自同步并列操作",是指将未加励磁、接近同步转速的发电机投入系统,随后给发电机加上励磁,在原动机转矩、同步力矩的作用下将发电机拉入同步,完成并列操作。

其特点是:在并列过程中不存在调整发电机电压、频率的问题,并列时间短且操作简单,在系统频率和电压降低的情况下,仍有可能实现发电机的并列;容易实现自动化;并列发电机未经励磁,并列时会从系统吸收无功功率,造成系统的电压下降,同时产生很大的冲击电流。

自同期并列主要适用于电力系统故障的情况下,有些发电机的紧急并列。

2.4.2 准同期并列的基本原理

在满足并列条件的情况下,采用准同期并列方法将待并列发电机组投入电网运行,前已述及,只要控制得当就可以使冲击电流很小,且对电网扰动甚微。因此,准同期并列是电力系统的主要并列方式。

设并列断路器 QF 两侧的电压分别为 $\dot{U}_G$ 和 $\dot{U}_X$,并列断路器 QF 主触头闭合瞬间所出现的冲击电流值以及进入同步运行的暂态过程,取决于合闸时的电压差 $\dot{U}_S$ 和滑差角频率 ω_S。因此,准同期并列主要是对脉动电压 $\dot{U}_S$ 和滑差角频率 ω_S 进行检测和控制,并选择合适的时间发出合闸信号,使合闸瞬间的 $\dot{U}_S$ 值在允许值以内。检测信息也就取自 QF 两侧的电压,而且主要是对 $\dot{U}_S$ 进行检测并提前信息。现对脉动电压的变化规律进行分析。

2.4.2.1 脉动电压

1. 两电压幅值相等

当两侧电压幅值相等而频率不等时,脉动电压的瞬时值为

$$u_S = U_G \sin(\omega_G t + \varphi_1) - U_X \sin(\omega_X t + \varphi_2) \tag{2-43}$$

设初始角 $\varphi_1 = \varphi_2 = 0°$,则

$$u_S = 2U_G \sin\left(\frac{\omega_G - \omega_X}{2}t\right)\cos\left(\frac{\omega_G + \omega_X}{2}t\right) \tag{2-44}$$

令

$$U_S = 2U_G \sin\left(\frac{\omega_G - \omega_X}{2}t\right) \tag{2-45}$$

为脉动电压的幅值,则

$$u_S = U_S \cos\left(\frac{\omega_G + \omega_X}{2}t\right) \tag{2-46}$$

由式(2-46)可知,u_S 的波形可以看成是幅值为 U_{Sm}、频率接近于工频的交流电压波形。又因为 $\omega_S = \omega_G - \omega_X$ 为滑差角频率,两电压间的相角差为 $\varphi_e = \omega_S t$,于是

$$U_S = 2U_G \sin\frac{\omega_S t}{2} = 2U_G \sin\frac{\varphi_e}{2} = 2U_X \sin\frac{\varphi_e}{2} \tag{2-47}$$

由此可见,u_S 为正弦脉动波,所以 u_S 又称为"脉动电压",其最大幅值为 $2U_G$。

脉动电压的相量如图 2-22 所示。如用相量分析,则可设想系统电压 $\dot{U}_X$ 固定,待并发电机电压 $\dot{U}_G$ 以滑差角频率 ω_S 对 $\dot{U}_X$ 转动。当相角差 φ_e 从 0 至 π 转动时,$\dot{U}_S$ 的幅值相应地从零变到最大值 $2U_G$;当 φ_e 从 π 至 2π 转动时,$\dot{U}_S$ 的幅值又从最大值变到零。相角差 φ_e 变动 2π 的时间称为"脉动周期 T_S"。

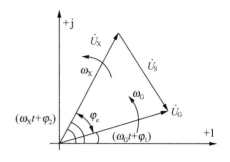

图 2-22 脉动电压的相量

2. 两电压幅值不相等

当两侧电压幅值不等时,脉动电压的瞬时值为

$$U_S = \sqrt{U_X^2 + U_G^2 - 2U_X U_G \cos \omega_S t} \tag{2-48}$$

当 $\omega_S t = 0°$ 时,$U_S = |U_G - U_X|$ 为两电压幅值差;当 $\omega_S t = \pi$ 时,$U_S = U_G + U_X$ 为两电压幅值和。两电压幅值不等时的电压波形如图 2-23 所示。

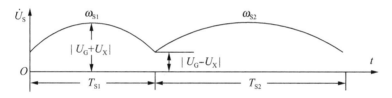

图 2-23 两侧电压幅值不等时 $\dot{U}_S$ 的波形

3. 利用脉动电压 $\dot{U}_S$ 检测准同期并列的条件

图 2-23 表明,在波形中载有准同期并列所需检测的信息——电压幅值差、频率差以及相角差随时间的变化规律。因而可以利用它为自动并列装置提供并列条件的信息以及选择合适的合闸信号发出时间。

电压幅值差 $U_S = |U_G - U_X|$ 为对应于脉动电压 $\dot{U}_S$ 波形的最小幅值,由图 2-23 得 $U_{Smin} = |U_G - U_X|$,通过对 U_{Smin} 的测量,就可以判断电压幅值差是否超过允许值。

$\dot{U}_G$ 和 $\dot{U}_X$ 之间的频率差就是脉动电压 $\dot{U}_S$ 的频率差 f_S,它与滑差角频率 ω_S 的关系为

$$\omega_S = 2\pi f_S \tag{2-49}$$

可见,ω_S 反映了频率差 f_S 的大小。要求 ω_S 小于某一个允许值,就相当于要求脉动电压周期 T_S 大于某一个给定值。

例如,设滑差角频率的允许值 ω_{Sy} 最大为 0.2%,即

$$\omega_{Sy} \leqslant 0.2 \times \frac{2\pi f_N}{100} = 0.2\pi \, (\text{rad/s}) \tag{2-50}$$

对应的脉动电压周期 T_S 的值为

$$T_S \geqslant \frac{2\pi}{\omega_{Sy}} = 10 \, (\text{s}) \tag{2-51}$$

因此,脉动周期 T_s 大于 10 s 才能满足 $\omega_{Sy}<0.2\%$ 的要求。

前面已经提及,最理想的合闸瞬间是 $\dot{U}_G$ 与 $\dot{U}_X$ 两相量重合的瞬间。考虑到断路器操作机构和合闸回路的固有动作时间,必须在两电压相量重合之前发出合闸信号,即取一提前量。这一段时间一般称为"越前时间"。由于该越前时间只需按断路器的合闸时间进行整定,整定值和滑差及压差无关,故称为"恒定越前时间"。

2.4.2.2 自动准同期装置

为了使待并发电机组满足并列条件,自动准同期装置设置了三个控制单元和一个电源单元。

(1)频率差控制单元:检测频率差方向,完成发电机频率趋于系统频率的调整。

(2)电压差控制单元:检测电压差方向,完成发电机电压趋于系统电压的调整。

(3)合闸信号控制单元:进行频率差检查、电压差检查,形成导前时间脉冲,当待并机组的频率和电压都满足并列条件时,通过合闸逻辑发出合闸脉冲。

(4)电源单元:为装置提供工作电源。

同步发电机的准同期并列装置按自动化程度分为自动准同期并列装置和半自动准同期并列装置。

自动准同期并列装置设置了频率控制单元、电压控制单元和合闸信号控制单元,可用图 2-24 表示。由于发电机一般都配有自动电压调节装置,因此在有人值班的发电厂中,发电厂的电压往往由运行人员直接操作控制,不需要配置电压差控制单元,从而简化了并列装置的结构;在无人值班的发电厂中,自动准同期并列装置需设置具有电压自动调节功能的电压差控制单元。当同步发电机并列时,发电机的频率或电压都由并列装置自动调节,使它与电网的频率、电压间的差值减小。当满足并列条件时,自动选择合适的时机发出合闸信号。

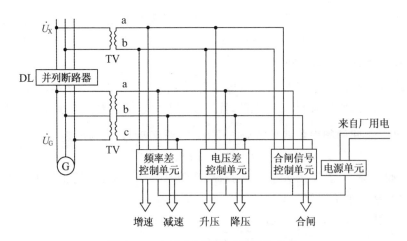

图 2-24 自动准同期并列装置的构成

对于半自动准同期并列装置,其没有频率差调节和电压差调节功能,只有合闸信号控制单元。并列时,待并发电机组的频率和电压由运行人员监视和调整,当频率和电压都满足并列条件时,并列装置就会在合适的时间发出合闸信号。自动与手动准同期装置的区别仅仅是合闸信号由该装置经判断后自动发出,而不是运行人员由手动发出的。

2.5 电力系统的静态稳定性分析

2.5.1 电力系统静态稳定性的基本知识

本节根据动力学系统的稳定性理论,对遭受干扰后的电力系统的稳定性问题进行如下阐述。

虽然电力系统的稳定性问题都可以用动力学系统的稳定性理论和方法来进行解释、分析和计算,但是,由于电力系统十分复条,元件及其控制系统的种类和数量很多,使得在不稳定情况下所反映出来的物理现象各不相同。例如:一类不稳定现象主要表现为发电机之间失去同步,造成发电机转子之间角度的单调增加或增幅振荡,由于发电机的转子角度习惯上被称为"功率角",因此这类稳定性问题常被称为"功率角稳定性"问题;另一类不稳定现象主要表现为系统中某些节点电压的持续降低,以致使负荷中的感应电动机堵转或引起其他保护装置的动作,这类稳定性问题常被称为"电压稳定性"问题;此外,还有次同步谐振问题,它主要表现为发电机组轴系上各质量块之间的扭转振荡。

本节及下一节将主要介绍功率角稳定性。功率角稳定性按扰动的大小可分成两类,即静态稳定性(小干扰稳定性)和暂态稳定性(大干扰稳定性)。

静态稳定性实质上是要求系统的给定平衡点(即给定的稳态运行方式)在遭受微小扰动后能够保持渐近稳定性。所谓小干扰,一般指正常的负荷波动。小干扰对系统行为特性的影响一般与干扰的大小和发生的地点无关,在原始运行状态的周围,可以使系统线性化,其研究结果不是确定电力系统运行参数对原始稳态运行值的偏移值,而是确定运行参数变化的性质,得出稳定或不稳定的结论。由于负荷情况和系统接线情况的不同,系统的稳态运行方式也各不相同,因此,实际上要求系统在各种可能的稳态运行情况下都能满足小干扰稳定性。而且,为了适应负荷和其他因素的随机变化,还要求系统具有一定的小干扰稳定性裕度。

1981 年,水利电力部制定的《电力系统安全稳定导则》对电力系统的静态稳定性作了如下规定:电力系统的静态稳定性是指电力系统受到小干扰后,不发生周期性失步,自动恢复到原始运行状态的能力。

2.5.2 发电机的功率特性与静态稳定性分析

首先针对一个最简单的系统来说明小干扰稳定性的分析方法和其中的一些物理概念。该系统为一台发电机经变压器和线路与受端无穷大系统(或称"无穷大母线")并联运行,并习惯上称它为"单机—无穷大系统",其接线如图 2-25(a)所示。

对该系统进行小干扰稳定性分析时,为简单起见,发电机采用暂态电抗后的电动势维持恒定的经典模型,并忽略各元件的电阻,可以得出系统的等值电路如图 2-25(b)所示。

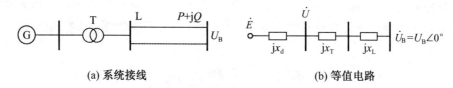

(a) 系统接线   (b) 等值电路

图 2-25　简单电力系统

设所给定的系统在稳态运行情况下线路末端向无穷大母线输送的功率为 $P+\mathrm{j}Q$，无穷大母线的电压 U_B 保持为常数。在此情况下，由图 2-25(b) 可以得出

$$\dot{E}=E\angle\delta=\dot{U}_B+\mathrm{j}\frac{P-\mathrm{j}Q}{\dot{U}_B}X_\Sigma \tag{2-52}$$

其中

$$x_\Sigma=x_d+x_T+x_L \tag{2-53}$$

由式(2-52)可以得出

$$E\cdot\sin\delta=\frac{PX_\Sigma}{U_B} \tag{2-54}$$

即

$$P=\frac{EU_B}{x_\Sigma}\sin\delta \tag{2-55}$$

该功率即是发电机发出的电磁功率。

在 E 和 U_B 为定值时，发电机功率与功率角之间的特性曲线如图 2-26 所示。

当输送功率为 P 时，系统可能有两个运行点（即平衡点）：$a(\delta<90°)$ 和 $b(\delta>90°)$。

首先分析系统在 a 点运行的情况。如果系统遭受到一个小干扰，使得 δ 有微小的增加 $\Delta\delta$，则发电机的电磁功率达到图中 a' 点所对应的值。由于此时发电机输出的电磁功率大于原动机的机械功率，由转子运动方程可知，发电机转子将开始减速，结果使得 δ 减小而趋于回到

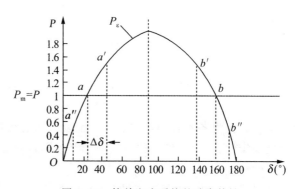

图 2-26　简单电力系统的功率特性

原来的平衡点。同样，如果小干扰使得 δ 有微小的减小，则发电机的电磁功率达到图中 a'' 点所对应的值，这时发电机输出的电磁功率小于原动机的机械功率，转子将开始加速，使得 δ 增大，从而也趋于回到原来的平衡点 a。在上述两种情况下，系统都将在 a 点附近做等幅振荡。如果考虑到发电机转子在运动过程中将受到阻尼的作用，则经过一系列衰减振荡后系统将回到运行点 a。这意味着，对于 $\delta<90°$ 的全部平衡点，当系统受到微小干扰后都能够渐近稳定，即回到原先的平衡状态。

再看系统在 b 点运行的情况。这时如果受到一个小干扰使得 δ 有微小的增加 $\Delta\delta$，则

发电机的电磁功率达到图中 b' 点所对应的值。在此情况下,发电机输出的电磁功率小于原动机的机械功率,结果使发电机转子开始加速,δ 进一步增大,随之而来的是电磁功率的进一步减小,则发电机的加速功率更大。如此继续下去,δ 将不断增大,以致逐渐远离 δ 而不再回到 b 点,结果造成发电机与无穷大系统之间非周期性地失去同步。另外,如果小干扰使得 δ 有微小的减小,则发电机的电磁功率达到图中 b'' 点所对应的值,这时发电机输出的电磁功率大于原动机的机械功率,转子开始减速使 δ 减小,而且以后仍不断减速并使 δ 继续减小,直至减小到 $\delta < \delta_a$ 以后,转子又重新获得加速,然后在 a 点附近振荡。如果考虑到发电机转子在振荡过程中将受到阻尼的作用,则经过一系列衰减振荡后,系统将稳定在运行点 a。由此可见,对于平衡点 b,当系统遭受到微小干扰后,要么转移至运行点 a,要么发电机与系统失去同步,因此平衡点 b 是小干扰不稳定的。

由以上的数学分析结果和物理解释可知,对于单机无穷大系统,在发电机用经典模型的情况下,同步转矩系数 $K_S > 0$ 是保证系统小干扰稳定的充要条件。通过观察图 2-26 中的有功功率曲线可知:当系统运行于功率曲线上升部分的任意一点时,系统是小干扰稳定的,此时有 $K_S > 0$;当系统运行于功率曲线下降部分的任意一点时,系统是小干扰不稳定的,此时有 $K_S < 0$。在 $0° < \delta < 90°$ 的范围内,随着 δ 的增大,K_S 的数值将逐渐减小,相应地,系统的小干扰稳定程度将逐渐降低。显然,$\delta = 90°$ 是系统稳定和不稳定的分界点,即系统小干扰稳定性的临界点。

利用同步系数 K_S 不但能够判断系统的小干扰稳定性,而且可以衡量系统小干扰稳定性的程度,K_S 越大,表明系统的稳定性越好。

如前所述,为了适应负荷和其他因素的随机变化,要求系统具有一定的稳定裕度,即稳定储备。稳定储备系数的定义为

$$K_P = \frac{P_M - P_0}{P_0} \times 100\% \tag{2-56}$$

我国的《电力系统安全稳定导则》规定,系统在正常运行方式下的 K_P 应不小于 $15\% \sim 20\%$,在事故后的运行方式下的 K_P 应不小于 10%。

2.5.3 提高电力系统静态稳定性的措施

由前面的分析可知,减小 x_Σ 可以提高系统的小干扰稳定极限。其物理意义是,系统电抗 x_Σ 的大小反映了发电机与无穷大系统之间的电气距离。因此,在电力系统规划设计阶段,加强电气联系,即缩短电气距离,就成为提高电力系统小干扰稳定性的基本措施。减小电气距离可以由以下几种途径来实现:

(1)采用分裂导线。采用分裂导线不但可以避免发生电晕,而且可以减小线路的电抗。

(2)采用更高电压等级的线路。采用更高电压等级的线路可以更有效地减小线路电抗的标幺值。当选取线路的额定电压为基准电压时,在统一基准容量下线路电抗的标幺值为

$$x_{L*} = x \frac{S_B}{U_B^2} l \tag{2-57}$$

由此可见,线路电抗的标幺值与其额定电压的平方成反比。当然,提高线路的电压等级必然要加强线路的绝缘,加大杆塔的尺寸并增加变电所的投资。因此,一定的输送功率和输送距离对应于一个经济上合理的线路电压等级。

(3)采用串联电容补偿。在输电线路上串联电容可以补偿线路的电抗,从而用来提高系统的稳定性。电容器容抗(X_C)和线路电抗(X_L)的比值称为"补偿度"(K_C),即 $K_C = X_C/X_L$。

一般来说,补偿度(K_C)越大,线路的等值电抗越小,对提高线路的稳定性越有利。但 K_C 的上限要受到很多条件的制约,主要是自励磁和次同步谐振的限制,串联电容器一般都集中安装在输电线路的中间变电所内。

(4)采用励磁调节器。发电机采用的是经典模型,粗略地说,这一数学模型相当于假设在暂态过程中电枢反应和励磁调节的综合效应可以使得发电机暂态电抗 x'_d 后的电动势保持恒定。如果没有励磁调节系统的作用,则在暂态过程中将使发电机的空载电动势保持恒定,与其对应的是同步电抗 x_d。由于 $x'_d < x_d$,因此可以说,励磁调节器的作用相当于将发电机与无穷大系统之间的电气距离缩小。如果采用更为有效的励磁调节器,还可以使发电机的等值电抗更小。

2.6 电力系统的暂态稳定性分析

2.6.1 电力系统暂态稳定性的基本知识

在电力系统中,大干扰稳定性习惯上被称为"暂态稳定性"。在我国所制定的《电力系统安全稳定导则》中,暂态稳定性是指电力系统受到大干扰后,各同步电机保持同步运行并过渡到新的或恢复到原来稳态运行方式的能力。

电力系统在运行中遭遇的大干扰,包括发生各种短路故障、大容量发电机和重要输电设备的投入或切除等,而且一些干扰发生后,将可能伴随着一系列的操作。例如,故障线路经保护装置和开关的动作而被切除,当有自动重合装置时,可能使故障线路重新投入并在永久性故障下再次被切除。另外,为了使电力系统不失去稳定或者为了提高系统的稳定性,期间还可能伴随着切除发电机、切除负荷、投入强行励磁、快速关闭气门等强制措施。因此,对于电力系统来说,经过干扰和后续一系列操作的最后一次以后的系统状态,才是上述相对于无干扰的初始扰动。

2.6.2 电力系统的暂态稳定性分析

在图 2-27 所示的简单电力系统中,正常运行时发电机经过变压器和双回线路向无限大系统送电。如果发电机用电动势 $\dot{E}$ 作为其等效电动势,则电动势与无限大系统之间的电抗为

$$x_1 = x'_d + x_{T1} + \frac{x_L}{2} + x_{T2} \qquad (2\text{-}58)$$

发电机发出的电磁功率可表示为

$$P_1 = \frac{EU}{x_1} \sin \delta \tag{2-59}$$

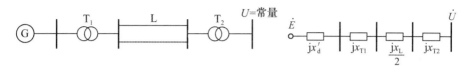

图 2-27　正常运行方式及其等效电路

如图 2-28 所示,如果在一回输电线路始端发生不对称短路,这时发电机和无限大系统之间的联系电抗可由星形网络转化为三角形网络而得。

$$x_2 = (x_d' + x_{T1}) + (\frac{x_L}{2} + x_{T2}) + \frac{(x_d' + x_{T1}) + (\frac{x_L}{2} + x_{T2})}{x_\Delta} \tag{2-60}$$

这个电抗总是大于正常运行时的电抗。如果是三相短路,则 $x_\Delta = 0$,x_2 为无穷大,即三相短路截断了发电机和系统间的联系。故障情况下发电机发出的功率为

$$P_2 = \frac{EU}{x_2} \sin \delta \tag{2-61}$$

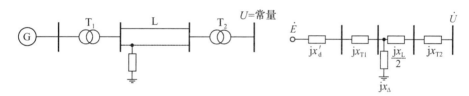

图 2-28　故障情况及其等效电路

短路发生后,线路继电保护装置将迅速断开故障线路两端的断路器(见图 2-29),这时发电机电动势与无限大系统间的联系电抗为

$$x_1 = x_d' + x_{T1} + x_L + x_{T2} \tag{2-62}$$

这时发电机发出的功率为

$$P_3 = \frac{EU}{x_3} \sin \delta \tag{2-63}$$

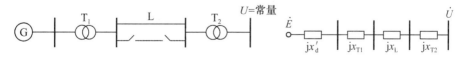

图 2-29　故障切除后及其等效电路

图 2-30 画出了发电机在正常运行(P_1)、故障(P_2)和故障切除后(P_3)三种状态下的功率特性曲线。

正常运行时,发电机输送到系统的有功功率与原动机的机械功率相等。不计故障后几秒钟之内调速器的作用,即认为原动机的输出功率始终保持为 P_m。图 2-30 中的 a 点表示正常运行时发电机的运行点。发生短路后,功率特性立即降为 P_2,但由于转子的惯

性,转子角度不会立即变化,其相对于无穷大母线的角度 δ_0 仍保持不变。因此,发电机的运行点由 a 点突然变至 b 点,输出功率显著减小,而原动机的机械功率不变,故产生较大的过剩功率。故障情况越严重,P_2 功率曲线的幅值越低,则过剩功率越大。在过剩转矩的作用下,发电机的转子开始加速,其相对速度和相对角度 δ 逐渐增大,使运行点由 b 点向 c 点移动。短路发生后,继电保护装置将迅速动作切除故障线路,假设在 c 点将故障切除,则发电机的功率特性变成 P_3,由于 δ 不能突变,所以运行点由 c 点突然变为 e 点。此时发电机的输出功率比原动机的机

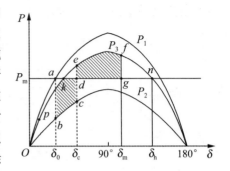

图 2-30　简单系统正常运行、故障和故障切除后的功率特性曲线

械功率大,使转子受到制动,转子速度逐渐减慢,但由于此时的转子转速已经大于同步转速,所以相对角 δ 还要继续增大,直到 e 点沿 P_3 走到 f 点转子转速减慢到同步转速后,相对角 δ 才停止增大。虽然在 f 点转子转速等于同步转速,但是在 f 点是不能持续运行的,因为此时的机械功率和电磁功率仍不平衡,机械功率小于电磁功率,所以转子继续减速,δ 开始减小,运行点沿功率特性 P_3 由 f 点向 e、k 点转移。在运行点到达 k 点之前,转子转速低于同步转速,δ 继续减小。越过 k 点,虽然机械功率与电磁功率平衡,但由于这时转子转速低于同步转速,δ 一直减小,直到转子的转速增大到同步转速而到达 p 点。与 f 点类似,虽然在 p 点转子转速为同步转速,但该点无法维持平衡,因为机械功率大于电磁功率,转子将继续加速,δ 又开始增大,运行点由 p 点沿 P_3 回到 k 点之后继续向 f 点移动。如此进入了一个反复振荡的过程。如果在振荡过程中没有任何能量损耗,则振荡将无休止地进行下去。实际上,振荡过程中总有能量损耗,或者说总存在着阻尼作用,因而振荡将逐渐衰减,发电机将最终停留在一个新的运行点 k 上。

如果故障线路切除得比较晚,这时在故障线路切除之前转子加速已经比较严重,因此当故障切除后,到达 f 点时,转子转速仍大于同步转速,甚至达到 n 点时转速还未降至同步转速,因此 δ 将越过 n 点对应的角度 δ_h。但是,当运行点越过 n 点后,转子立即承受的是加速转矩,转速又开始升高,而且加速度越来越大,δ 将不断增大,发电机和无限大系统之间将最终失去同步。由此可见,快速切除故障是保证暂态稳定的有效措施。

2.6.3　提高电力系统暂态稳定性的措施

前面介绍的提高电力系统小干扰稳定性的措施,对于提高系统的暂态稳定性也是有效的。除此之外,还可采取下列措施:

2.6.3.1　快速切除故障和自动重合闸

快速切除故障可以减小故障期间发电机转子动能的增加量,从而减小故障切除瞬间发电机转子角度和角速度的变化量。另外,也可使负荷端的电压迅速回升,从而提高发电机的输出功率,并减少电动机失速和停顿的危险。但是,切除故障的速度由于受到继电保护装置的反应速度和开关动作速度的制约而不能无限制地提高。

电力系统的短路故障特别是输电线路上所发生的短路故障大多是瞬时性的。因此,

在故障发生后,可以先切除故障线路。重合成功将会显著地增加减速面积,因而有利于提高系统的暂态稳定性。然而,在永久性故障的情况下,重合不成功将对电力系统的暂态稳定性造成不利的影响,具体情况请读者自行分析。

另外,高压输电线路上所发生的短路故障大多是单相接地故障,因此在故障发生后,可以只切除故障所在相而保留其他两相,让系统在短时间内非全相运行。由于其他两相尚能传输一定的功率,因此有利于提高系统的暂态稳定性。

2.6.3.2　发电机强行励磁

在故障发生后,发电机机端电压降低,电磁功率减小。如果在此期间能快速、大幅度地增加励磁,则可以提高发电机的电动势,从而增加发电机的电磁功率,达到提高系统暂态稳定性的目的,这便是发电机的强行励磁。

强行励磁的效果与励磁电压的顶值倍数(最大可能的励磁电压与额定励磁电压之比)以及励磁电压的增长速度有关。励磁电压的顶值倍数越大,增长速度越快,对提高系统暂态稳定性的效果越明显。现有的强行励磁中,励磁电压的顶值倍数可以达到 $2.2 \sim 3.0$,而达到顶值电压所需要的时间可以小于 0.1 s。

2.6.3.3　电气制动

所谓电气制动,就是当系统中发生故障后迅速投入已安装好的电气负荷,从而增大发电机的电磁功率,缓解发电机的加速。

电气制动的一种形式是投入并联电阻器,这主要用于水电厂。当然,也可以采用串联电阻器,但实际很少使用。

还有一种针对不对称故障的电气制动,即将变压器中性点经过小电阻接地。在正常运行情况下,中性点接地电阻中无电流流过。当发生单相接地短路或者两相接地短路这样的不对称故障时,零序电流将流过中性点接地电阻而产生附加的功率损耗,从而达到电气制动的目的。

2.6.3.4　快速气门控制

快速气门控制是用于火力发电机组的一种控制措施。它通过快速关闭和打开气门,从而调节原动机的机械功率,减小发电机组的不平衡功率。

2.6.3.5　切机、切负荷

可以有选择地切除一些发电机组,或者切除一部分负荷,以减小一些关键输电线路上输送的功率,从而提高系统的暂态稳定性。由于发电机组和负荷都可以快速地被切除,因此,切机和切负荷是提高系统暂态稳定性有效的辅助性措施。

2.6.3.6　系统解列

尽管电力系统在规划设计和运行中都采取了一系列提高暂态稳定性的措施,但综合权衡可靠性和经济性的结果是:系统仅能承受一定程度的预想事故,当有些发生概率很小的非预想事故出现时,系统仍然可能失去稳定。系统解列就是在系统失去稳定后将联合运行的大规模电力系统人为地分割为若干个独立的子系统,以保障一些子系统继续稳定运行,避免系统由于失去稳定而全部崩溃或瓦解。

2.7 电力系统的运行与控制

2.7.1 电力系统的有功功率与频率控制

2.7.1.1 电力系统的频率特性

1.概述

电力系统的频率是指电力系统中同步发电机产生的交流正弦电压的频率,它是电力系统的运行参数中最重要的参数之一。在稳态运行条件下,所有发电机同步运行,整个电力系统的频率是相等的。并列运行的每一台发电机组的转速与系统频率的关系为

$$f = \frac{pn}{60} \tag{2-64}$$

式中,p 为发电机组的转子极对数;n 为发电机组每分钟的转数(r/min);f 为电力系统的频率(Hz)。

显然,电力系统的频率控制实际上就是调节发电机组的转速,频率同发电机的转速有着严格对应的关系。

频率是电能质量的重要指标之一,在稳态条件下,电力系统的频率是一个全系统一致的运行参数。在稳态电力系统中,机组发出的功率与整个系统的负荷功率以及系统的总损耗之和是相等的。当系统的负荷功率增加时,系统就会出现功率缺额。此时,机组的转速下降,整个系统的频率降低。

可见,系统频率的变化是由发电机的负荷功率与原动机输入功率之间失去平衡所致,因此,频率的调节和有功功率调节是密不可分的。

电力系统自开始形成以来,调频就是一个要由整个系统来统筹调度与协调的问题,不允许任何电厂有一点"各自为政"的趋向。此外,调频与运行费用的关系也十分密切。因为调频就是通过调整各机组的输出功率来使系统的有功功率达到平衡,机组的输出功率一旦改变,所消耗的燃料及费用就会随着改变,将直接影响到运行费用的经济性,所以要力求使电力系统的负荷在发电机组直接实现经济分配。

电力系统的负荷是不断变化的,而原动机输入功率的改变则较缓慢,因此系统中频率的波动是难免的。负荷的变化可以分成几种不同的分量:一是变化周期小于 10 s 的随机分量;二是变化周期为 10 s~3 min 的脉动分量,其变化幅度要比随机分量大些;三是变化十分缓慢的持续分量并带有周期规律的负荷,这大都是由工厂的作息制度、人们的生活习惯和气象条件的变化等因素造成的,这是负荷变化的主体,负荷预测中主要就是预报这一部分。

负荷的变化必将导致电力系统频率的变化,因此要求电力系统中发电机发出的有功功率也要做相应的变化,以使系统在一定的频率水平上达到功率平衡。

第一种负荷变化引起的频率偏移,一般利用发电机组上装设的调速器来控制和调整原动机的输入功率,以维持系统的频率水平,这种调整称为"频率的一次调整"。第二种负

荷变化引起的频率偏移较大,仅仅靠调速器的控制往往不能将频率偏移控制在允许范围之内,这时就必须用调频器参与控制和调整,这种调整称为"频率的二次调整"。第三种负荷变化可以用负荷预测的方法预先估计得到。调度部门预先编制的系统日负荷曲线主要反映这部分负荷的变化规律,这部分负荷要求在满足有功功率平衡的条件下,按照经济分配原则在各发电厂之间进行分配。

2. 负荷的调节效应

当系统频率变化时,整个系统的有功负荷也要随着改变,这种有功负荷随着频率而改变的特性叫作"负荷的功率-频率特性",是负荷的静态频率特性,也称作"负荷的调节效应"。

电力系统的负荷由各种用电设备组成,在这些设备中,感应电动机所取用的有功功率与频率的关系比较密切,因为当频率变化时,感应电动机的转速将近似地随之成比例地变化。如果电动机所带机械负载的转矩保持不变,则电动机所取用的有功功率将近似地与频率成正比;而有些机械负载的转矩与转速成正比甚至更高次方的关系,这些感应电机的有功功率将正比于频率的二次方、三次方甚至更高次方。对于照明、电热和整流类负荷,则可以认为其有功功率基本上与频率的变化无关。

由于系统的实际负荷是上述各类负荷的组合,其所吸收的有功功率与频率之间的关系可以表示为

$$P_{\mathrm{L}} = P_{\mathrm{LN}} \left[a_0 + a_1 \left(\frac{f}{f_{\mathrm{N}}} \right) + a_2^2 \left(\frac{f}{f_{\mathrm{N}}} \right)^2 + a_3 \left(\frac{f}{f_{\mathrm{N}}} \right)^3 + \cdots \right] \tag{2-65}$$

式中,P_{LN} 为在额定频率 f_{N} 下负荷所吸收的有功功率;P_{L} 为在实际频率 f 下负荷所吸收的有功功率;a_i 为与频率的 i 次方成正比的负荷所占比重,显然有

$$a_0 + a_1 + a_2 + a_3 + \cdots = 1 \tag{2-66}$$

式(2-65)所描述的负荷有功功率与频率之间的关系便是负荷的静态频率特性,与其相应的特性曲线如图 2-31 中的曲线 1 所示。显然,在额定频率 f_{N} 下负荷的有功功率为 P_{LN}。实际频率下负荷有功功率的标幺值形式为

$$P_{\mathrm{L}*} = a_0 + a_1 f_* + a_2 f_*^2 + a_3 f_*^3 + \cdots \tag{2-67}$$

由于系统在正常稳态运行情况下的频率与额定频率之差通常很小,而且与频率的高次方成比例的负荷的所占的比重很小,因此,负荷的频率特性可以近似地用图 2-31 中的直线 2 来反映频率偏移 $\Delta f = f - f_{\mathrm{N}}$ 对负荷有功功率变化 $\Delta P_{\mathrm{L}} = P_{\mathrm{L}} - P_{\mathrm{LN}}$ 的影响,即

$$\Delta P_{\mathrm{L}} = K_{\mathrm{L}} \Delta f \tag{2-68}$$

式中,K_{L} 为负荷调节效应系数(MW/Hz)。

式(2-68)可以用标幺值表示为

$$\Delta P_{\mathrm{L}*} = K_{\mathrm{L}*} \Delta f_* \tag{2-69}$$

其中

$$K_{\mathrm{L}*} = K_{\mathrm{L}} f_{\mathrm{N}} / P_{\mathrm{LN}} \tag{2-70}$$

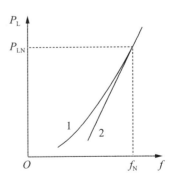

图 2-31　负荷的静态频率曲线
1—实际曲线;2—近似直线

负荷的调节效应与负荷的组成情况有关。不同的系统或者同一系统在不同的时刻，K_{L*}的数值一般都不同，其具体取值可以通过实验进行计算而得。在一般电力系统中，K_{L*}为2～3，相当于频率增加(或减小)1％时，负荷增大(或减小)1％～3％。

顺便指出，负荷所吸收的无功功率也与频率有关，并可以表示成式(2-68)和式(2-69)的形式。另外，参考文献中负荷有功功率和无功功率的频率特性还采用了其他形式的函数。

2.7.1.2 频率调整的必要性和有功功率平衡

1.频率调整的必要性

在实际的电力系统中，如果不采取频率调整措施，则负荷的微小变化就将引起频率的大范围变化，而频率的变化对于用户、发电厂机组和电力系统本身都会产生不良的影响甚至危害。

对用户来说，由于电动机的转速与系统频率近似成正比，因此频率的变化将引起电动机转速的变化，从而使得由这些电动机驱动的纺织、造纸等机械的产品质量受到影响，甚至出现残次品。而且，频率的降低将使一些工厂的产量减小。特别是，现代工业、国防和科学技术都广泛使用电子设备，而系统频率的不稳定将影响它们的正常工作，当频率过低时，它们甚至无法运行。

频率的变化对发电机组和电力系统本身的影响更为重要。当频率下降时，汽轮机叶片的振动将增大，从而影响其使用寿命，甚至使其断裂。当频率低至45 Hz附近时，一些汽轮机的叶片可能因发生共振而断裂，造成重大事故。在火力发电厂中，送风机、引风机、给水泵、循环水泵和磨煤机等厂用设备都由感应电动机驱动，当频率降低时，由于电动机的转速下降而使它们的机械输出功率减小，引起锅炉和汽轮机输出功率的降低，从而可能使频率继续下降而产生恶性循环。特别是，当频率降低到42～48 Hz及以下时，上述恶性循环将发展得更加激烈，可能在几分钟内使系统频率下降到不能允许的程度。这种现象称为"频率崩溃"，其后果是将造成大面积停电，甚至使整个系统瓦解。另外，在核电厂中，反应堆的冷却介质泵对于频率的要求比较严格，当频率降到一定程度时，冷却介质泵将自动跳开，使反应堆停止运行。

为了保持系统的频率，以减小频率变化造成的影响和危害，在负荷变化的同时，必须自动调节发电机发出的有功功率。我国在国家标准GB/T 15942—2008《电能质量　电力系统频率偏差》中规定，电力系统在正常运行条件下的频率偏差限值为±0.2 Hz，当系统容量较小时，偏差值极限可以放宽到±0.5 Hz。

另外，为了防止频率崩溃的发生，在系统中必须设置自动低频减负荷装置(简称"低频减载装置")，当频率降低到一定程度时，按频率的高低自动分级(分轮)切除部分负荷，使系统频率尽快恢复到49.5 Hz以上。

2.有功功率平衡和备用容量

显然，要保证在电力系统运行过程中的频率质量，首先必须满足在额定频率下系统有功功率平衡的要求，即所有发电机可用的有功功率之和至少应等于系统负荷在给定频率下所吸收的全部有功功率、全部网络损耗和全部厂用电的总和。

发电机可用输出功率的总和并不一定就是它们的有功容量总和，这是因为电力系统在运行过程中,既不是所有的发电机组都不间断地投入运行,也不是所有投入运行的发电机组都能按其额定容量发电。具有代表性的情况是:为了系统运行的经济性,有些机组在系统负荷较小的时刻停止运行而在负荷较大的时刻再重新启动投入运行;一些水电厂的机组因水量不足或水头较低而不能按额定容量运行;所有机组必须定期进行检修等。网络的总有功功率损耗主要是线路和变压器中的功率损耗,在系统最大负荷期间占总有功负荷的 6%～10%。至于厂用电,水电厂的厂用电只占 0.1%～1%,火电厂为 5%～8%,核电厂则为 4%～5%。

除了满足有功功率平衡要求以外,在系统中还必须安排适当的备用容量。根据用途的不同,备用容量一般有以下四种:

①负荷备用容量。负荷备用容量是指为了适应系统中短时的负荷波动,以及因负荷预测不准或计划外的负荷增加而设置的备用容量,一般取负荷的 2%～5%。

②事故备用容量。事故备用容量是指为了防止因机组发生事故使有功功率产生缺额而设置的备用容量,其大小应根据系统容量、发电机台数、单位机组容量、机组的事故概率以及系统的可靠性指标等确定,一般取系统最大负荷的 5%～10%,且应大于系统中最大机组的容量。

③检修备用容量。检修备用容量是指为了系统中的发电设备能进行定期检修而设置的备用容量,通常机组的检修安排在系统负荷较低的季节和节假日进行,如果这些时间不够安排,则需要设置专门的检修备用容量。

④国民经济备用容量。国民经济备用容量是指为了适应负荷的超计划增长而设置的备用容量。

负荷备用容量和事故备用容量是在系统每天的运行过程中都必须加以考虑和安排的,检修备用容量在安排每年的运行方式时加以考虑,而国民经济备用容量则属于电力系统在规划和设计时考虑的内容。

2.7.1.3 有功功率、负荷的变动及控制

前面已经指出,负荷是随时间不断变化的,其中包括变化幅度较小、变化周期较短的随机分量,以及变化幅度稍大、变化周期稍长的脉动分量和连续变化的部分。要调整发电机的有功功率使之随时与负荷相适应,目前所采用的方法是针对不同的变化分量采取不同的手段。对于随机变化分量,由于它数量较小但变化较快,发电机有功功率的调整在速度上必须能够与之相适应,而要求功率改变的数量则较小。对于这一分量,可以通过原动机调速器的作用来完成发电机组输出功率和频率的调整,并习惯上称之为"频率的一次调整"。针对负荷连续和较大的变化而对发电机输出功率和频率的调整,则称为"频率的二次和三次调整"。

1. 电力系统的频率特性

在自动调速系统的作用下,发电机组输出的有功功率与频率之间的稳态关系称为"机组的有功功率静态频率特性",简称"机组的频率特性"。对于机械液压式调速系统,原动机的功率增大对应于机组转速的降低。由于发电机的有功功率随着原动机的功率增加而增加,而且系统的频率与机组转速成正比,因此可以近似地认为机组的频率特性为一条直线,如图 2-32 所示。

对于电气液压式调速系统,由于 PID 调节环节的引入,其中的积分部分将使综合误差的稳态值为零。于是可以得出发电机发出的有功功率与频率之间的关系为

$$P_G = P_{set} + K_G(f_{set} - f) \tag{2-71}$$

显然,当 P_{set} 为某一给定值时,机组的频率特性也是一条如图 2-32 所示的直线,其斜率为 $-K_G$。对于不同的功率给定值,相应的频率特性将在垂直方向移动,而其斜率不变。

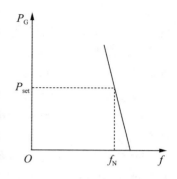

图 2-32　发电机组的频率特性

令 $\Delta f = f - f_{set} = f - f_N$ 及 $\Delta P_G = P_G - P_{set}$,它们分别为频率的增量和在调速系统作用下发电机有功功率的增量,则由式(2-71)可以得出

$$K_G = -\frac{\Delta P_G}{\Delta f} \tag{2-72}$$

并称它为发电机的单位调节功率,其单位为 MW/Hz。当取系统的额定频率和发电机的额定有功功率为基准值时,单位调节功率的标幺值为

$$K_{G*} = -\frac{\Delta P_G f_N}{P_{GN} \Delta f} = \frac{K_G f_N}{P_{GN}} \tag{2-73}$$

一般的调节系统常用调差系数的百分数 $\sigma\%$ 来反映其静态特性,它与单位调节功率标幺值之间的关系为

$$K_{G*} = -\frac{1}{\sigma\%} \times 100 \tag{2-74}$$

2. 频率的一次调整

要确定电力系统的负荷变化引起的频率变化,需要同时考虑发电机组及负荷两者的调节效应,为简单起见,先只考虑一台机组和一个负荷的情况。机组原动机的频率特性和负荷频率特性的交点就是系统的原始运行点(图 2-33 中的 Q 点),即在频率为 f_0 时达到了机组有功功率输出与系统有功功率需求之间的平衡。

假定负荷增加了 ΔP_{LO},即负荷的频率特性突然上移 ΔP_{LO},则由于负荷突然增加时机组功率不能及时随之变动,机组将减速,系统频率将下降。而在频率下降的同时,机组的功率将因它的调速器的一次调整作用而增大,负荷的功率将因它本身的调节效应而减小。经过一个衰

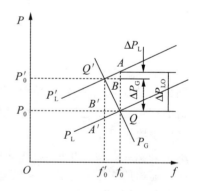

图 2-33　频率的一次调整

减的振荡过程,抵达一个新的平衡点,即图 2-33 中的 Q' 点,此时系统的频率为 f_0'。频率的变化为 Δf,且 $\Delta f = f_0' - f_0 < 0$,机组功率输出的增量为 $\Delta P_G = -K_G \Delta f$。

由于负荷的频率调节效应所产生的负荷功率变化为 $\Delta P_L = K_L \Delta f$,当频率下降时,$\Delta P_L$ 是负的,故负荷功率的实际增量为

$$\Delta P_{LO} + \Delta P_L = \Delta P_{LO} + K_L \Delta f \tag{2-75}$$

它应同机组的功率增量相平衡,即

$$\Delta P_{LO} + \Delta P_L = \Delta P_G \tag{2-76}$$

在系统运行中,对于已经满载的机组,其调速器不能参加一次调整,这样的机组越多,系统中总的发电机组单位调节功率越低。

3. 频率的二次调整

频率的二次调整就是手动或自动地操作调频器使机组的频率特性平行地上下移动,从而使负荷变动引起的频率偏移保持在允许的范围内。例如,在图2-33中,如果不进行二次调整,则负荷增大 ΔP_{LQ} 以后,运行点将转移到 Q' 点,即频率将下降为 f_0',功率将增加到 P_0'。在一次调整的基础上进行二次调整就是在负荷变动引起的频率下降 $\Delta f'$ 越出允许范围时,操作调频器,增加机组发出的功率,使频率特性上移。设发电机组发出的有功功率增加 ΔP_{GQ},则运行点又将从 Q' 点转移到 Q'' 点。Q'' 点对应的频率为 f_0'',功率为 P_0'',即频率下降,由于进行了二次调整,由仅有一次调整时的 $\Delta f'$ 减小为 $\Delta f''$,可以供应负荷的功率由仅有一次调整时的 P_0' 增加为 P_0''。显然,由于进行了二次调整,系统的频率质量有了改善。

由图2-34可见,系统负荷的初始增量为

$$\Delta P_{LQ} = \Delta P_{GQ} - K_G \Delta f - K_L \Delta f \tag{2-77}$$

式中,ΔP_{GQ} 是由二次调整而得到的发电机组的功率增量;$-K_G\Delta f$ 是由一次调整而得到的发电机组的功率增量;$-K_L\Delta f$ 是由负荷本身的调节效应所得到的功率增量。

式(2-77)就是进行二次调频时的功率平衡方程,该式可以整理为

$$\Delta P_{LQ} - \Delta P_{GQ} = -(K_G + K_L)\Delta f \tag{2-78}$$

由式(2-78)可见,进行频率的二次调整并不改变系统的单位调节功率的数值。但是由于二

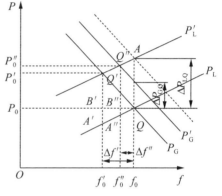

图 2-34 频率的二次调整

次调整增加了发电机的出力,在同样的频率偏移下,系统能承受的负荷变化量增加了。由图2-34中的虚线可见,当二次调频所得到的发电机组的功率增量能完全抵消负荷的初始增量时,系统的频率将维持不变,这就实现了系统频率的无差调节。

2.7.2 电力系统的无功功率与电压控制

2.7.2.1 无功功率及负荷的静态电压特性

1. 负荷的无功功率及网络中的无功功率损耗

在各种用电设备中,除了白炽灯和电热器等电阻性负荷只取用有功功率以外,其他用电设备都需要从电网吸收感性无功功率才能运行,尤其是感应电动机,其功率因数通常较低。

全系统负荷所吸收的无功功率在一天中的变化情况具有一定的周期性变化规律。在一般系统中,有功负荷的最大值通常出现在夜晚的高峰负荷期间,但无功负荷的最大值则经常出现在上午的高峰负荷期间。这是因为,在夜晚的负荷中照明负荷占有相当大的比重,它们具有较高的功率因数,而上午的负荷中感应电动机所占的比重较大。

除了负荷吸收无功功率以外,在变压器和线路中还将产生无功功率损耗。变压器中的无功功率损耗可以分为两部分:一部分是励磁无功功率损耗,另一部分是漏抗中的无功功率损耗。在额定电压下,励磁无功功率损耗占变压器额定容量的百分数,大约等于其空载电流的百分数,而实际的励磁无功功率损耗则与其运行电压的平方成正比;在变压器满载的情况下,漏电抗中的无功功率损耗所占变压器额定容量的百分数,大约等于短路电压的百分数,而实际漏电抗中的无功功率损耗则与所通过的复功平方成正比。

在线路中,电流流过电抗后的无功功率损耗,与电流的平方成正比,而分布电容发出的感性无功功率与线路实际运行电压的平方成正比。当线路的传输功率等于自然功率时,电抗中消耗的无功功率正好与分布电容发出的无功功率相平衡,线路的净无功功率损耗等于零。在传输功率大于自然功率的情况下,电抗消耗的无功功率大于电容发出的无功功率,即线路的无功损耗大于零;反之,无功损耗小于零。

在包括全部输电和配电系统在内的整个电力系统中,从发电机到用户往往要经过多级变压器进行多次升压和降压,而每经过一个变压器都要产生无功功率损耗。因此,整个系统的无功功率损耗比有功功率损耗大得多。

2. 负荷的静态电压特性

负荷所取用的有功功率和无功功率,除了与频率有关以外,还随着电压的变化而改变。在某一固定的负荷组成情况下,负荷的总有功功率和无功功率与电压之间的稳态关系称为"负荷的静态电压特性",简称"负荷的电压特性"。在电力系统分析中,通常涉及的是某一个地区、某一个变电所的母线或者某条线路等所供给的总负荷,其中除了所有的受电器以外,还包括各级有关电网中线路和变压器的功率损耗,以及补偿设备的功率。把这种总负荷称为"综合负荷"。

对于综合负荷中的白炽灯、电热器、变压器的励磁和并联电容器等,其阻抗在一定的电压范围内可以近似地看成是恒定的,它所吸收的功率与电压的平方成正比。然而,当电压降低时,白炽灯和电热器消耗的功率减小,其温度降低而电阻增大;变压器的励磁则随着电压的升高呈现饱和。因此,除了并联电容器以外,严格地说,其余负荷的阻抗都不是恒定的。但是,总的来说,电压越低,它们所取用的功率越小。

对于负荷中的感应电动机,当电压降低时,其转差率增大而转速降低,而由于其所带机械负载的转矩通常随着转速的降低而减小,因此其所吸收的有功功率将随着电压的降低而减小。但是,在到达临界转差以前,转速降低的程度不大,因此其有功功率减小得不多,甚至可以近似地认为有功功率保持恒定。感应电动机所吸收的无功功率包括两部分:一部分是励磁无功功率,它将随着电压的降低而减小;另一部分是定子和转子漏抗中的无功损耗,随着转差率的增加,电动机的电流增大,从而使这一无功功率损耗增大。当电压从额定值开始降低时,由于励磁电流的减小加之饱和程度的降低,励磁无功功率的减小大大超出漏抗中无功功率损耗的增加,电动机所吸收的无功功率显著减小。随着电压的进一步降低,励磁无功功率的减小趋于缓和,而漏抗中无功功率损耗的增加趋于强烈,使电动机所吸收的无功功率的减小趋于缓和甚至使两者之间取得平衡。如果再进一步降低电压,则漏抗中无功功率损耗的增加将超过励磁无功功率的减小,从而使电动机所吸收的总无功功率随着电压的降低反而增加。

2.7.2.2 电压调整的必要性和对电压质量的要求

1.电压偏移造成的影响

所有的电气设备都是按照额定电压来设计的,当它们运行于额定电压时,具有最好的运行性能、最高的效率,并能达到预期的寿命。如果实际运行电压高于或低于设备的额定电压,则设备的运行性能和效率将有所下降,并可能影响到设备的使用寿命甚至使设备损坏。因此,当电力系统的电压偏离其额定值,即产生电压偏移时,将对用户甚至对电力系统本身造成不良的影响。

当电压低于额定电压时,对于在负荷中占比较大的感应电动机来说,其转差率将增大,从而使绕组中的电流增加,使绕组电阻中的损耗加大,引起效率降低、温升增加并使寿命缩短。而且,由于转差率的增大,其转速下降,使电动机的输出功率减小,从而使产品的产量和质量降低。对于火力发电厂来说,由电动机所驱动的风机和给水泵等厂用机械的功率将因为转速的降低而减小,结果使锅炉和汽轮机的输出功率降低。同时,电动机的启动过程将因为电压的降低而加长,在电压过低的情况下,还有可能因温度过高而烧毁。另外,当电压过低时,电弧炉所消耗的有功功率将减小,使金属在其中的冶炼时间增加,从而影响产量;对于白炽灯来说,其发光效率将降低;各种电子设备将不能正常工作;等等。

运行电压高于额定电压所引起的主要危害是使电气设备的绝缘性能降低,并影响到设备的使用寿命。如果电压过高,则可能使绝缘击穿,从而使设备损坏。另外,当电压高于额定电压时,变压器和电动机铁芯的饱和程度将增大,使铁芯的损耗增加;白炽灯的寿命则会因电压过高而明显降低,例如,当电压高出10%时,其寿命将缩短一半。

2.无功功率平衡

和有功功率平衡与频率调整之间的关系相似,要使各用户和各母线的电压在容许的电压偏移范围内,首先必须满足系统的无功功率平衡,在此基础上,再采取适当的电压调整。

为了认识无功功率平衡与满足电压要求之间的关系,用单个发电机向一个综合负荷供电的简单系统的情况来加以说明。设综合负荷在额定电压下需要的无功功率为 Q_{LN},如果发电机的额定无功容量 $Q_{GN} > Q_{LN}$,则显然借助于调节发电机的励磁电流,可以改变发电机的端电压,即对综合负荷供电的电压,使电压偏移在规定的容许范围内。然而,如果 $Q_{GN} < Q_{LN}$,而且一定要让发电机在额定电压下供给综合负荷所需的无功功率,则发电机励磁绕组的励磁电流势必超出它的额定值,使励磁绕组过载,而这是不允许的。结果,只得降低对综合负荷供电的电压,使得综合负荷按照它的静态电压特性减小所需要的无功功率,直到等于发电机所能发出的无功功率为止,即在较低的电压下满足发电机与综合负荷之间的无功功率平衡。所以说,系统在额定电压下的无功功率平衡,是保证电压质量的先决条件。

电力系统的无功功率平衡要比有功功率平衡复杂得多,这是因为无功电源除了发电机以外,还包括并联电容器等无功补偿设备以及线路的充电功率。由于负荷中存在大量的感应电动机,它们本身的功率因数通常较低。在实际系统中,综合负荷未经无功补偿以前的自然功率因数为 0.2~0.9,即负荷取用的无功功率为其有功功率的 0.2~1.3 倍。但是发电机的额定功率因数为 0.82~0.9,即发电机的额定无功功率仅为其额定有功功率的 0.2～0.6 倍,而且在系统的各级变压器中还要消耗大量的无功功率。即使线路的充电功率能与其电抗中的无功功率损耗相平衡,则系统中的负荷所取用的无功功率加上电网中的无功功率损耗将大大地超过发电机的额定无功功率,何况与有功功率的备用容量要求相同,在系统中也需要相应的无功功率备用容量。因此,在实际的电力系统中,往往需要安装大量的无功补偿设备,其中最主要的是并联电容器。一般在进行电力系统规划时,需要根据无功功率平衡的计算结果决定系统所需要的无功补偿设备的总容量和补偿设备的种类,以及它们在系统中的最佳分布,而在运行过程中还需定期再具体进行计算。

由于无功功率流过线路和变压器时将同时产生有功功率损耗和电压降落,因此,并联电容器往往分散安装在电力系统中,使之尽量做到无功功率的分区和就地平衡。为了进一步减少无功功率的流动,我国在有关条例中规定,以高电压供电的工业用户,在系统高峰负荷期间的功率因数不得低于 0.9,其他 100 kW 及以上的电力用户不得低于 0.85。

2.7.2.3 中枢点的电压管理

电力系统中有成千上万的负荷,它们分散在整个系统之中,如何监视它们的电压是否在规定的容许偏移范围之内,是电压调整和控制的首要问题。目前的做法是:在系统中设置一定数量的"电压中枢点"(简称"中枢点"),将分散负荷对容许电压偏移的要求,集中反映为对中枢点的电压要求,使得在每个中枢点的电压都能够满足这一要求的情况下,由它供电的所有分散用户的电压偏移都在容许范围之内;然后在系统中采取适当的电压调整(简称"调压")措施,使得所有中枢点的电压要求都能得到满足。这样也就满足了全部分散负荷对电压质量的要求。

电压中枢点一般包括枢纽变电所的低压母线和具有大量地方负荷的发电机母线,它们通常是 10 kV 或 6 kV 母线。中枢点的电压要求可以用两种方法来决定。一种方法是对由中枢点供电的配电网进行具体的潮流计算,从而归纳出对中枢点的电压要求。但是由于配电网络十分复杂,其负荷分布也难以准确掌握,因此这种方法往往只用作定性分析。另一种方法是根据正在运行的配电网络的实际情况和经验来决定,因为供电部门会经常得到用户对电压质量的反映,并实际测量和统计一些具有代表性的用户的电压情况。根据这些信息可以分析出中枢点的电压应该在什么范围内,才能满足其下属全部用户的电压要求。在实际运行中,对中枢点的电压要求往往只考虑最大负荷和最小负荷两种运行方式,且一般可以分为以下两种:

1.逆调压要求

逆调压要求最大负荷时中枢点的电压高于最小负荷时的电压。由于在最大负荷期间输电系统中的电压损耗通常大于最小负荷时的电压损耗,因此,系统在最大负荷期间能给予中枢点的电压往往低于最小负荷时的电压。而中枢点的电压要求正好与此相反,这便是"逆调压"的含义。逆调压要求通常是由于由中枢点供电的配电网络中的线路较长,它们的电压降落较大,而且最大负荷与最小负荷之差较大。在比较严重的情况下,可能要求中枢点在最大负荷时的电压不低于网络额定电压的 1.05 倍,而在最小负荷时不高于网络额定电压。

2. 顺调压要求

顺调压要求中枢点的电压在最大负荷和最小负荷期间保持在某一容许范围以内,最大负荷时的电压可以比最小负荷时的低。

2.7.2.4　电力系统电压调整的基本方法

下面以图 2-35 所示的单个发电厂供电的简单电力系统为例,来说明电压调整的几种基本方法。

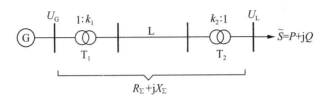

图 2-35　简单电力系统

图 2-35 中的 k_1 和 k_2 分别为升压变压器 T_1 和降压变压器 T_2 的变比,R_Σ 和 X_Σ 分别为变压器和线路折算到高压侧的总阻抗,降压变压器的低压母线为电压中枢点。为了分析简单起见,忽略变压器励磁和线路的电容以及网络中的功率损耗和电压降落的横分量。在此情况下,负荷所在母线的电压可以表示为

$$U_L = (U_G k_1 - \Delta U)/k_2 = \left(U_G k_1 - \frac{P R_\Sigma + Q X_\Sigma}{U_N}\right)/k_2 \qquad (2-79)$$

由式(2-79)可见,要调整中枢点的电压有以下四种方法:①改变发电机的机端电压 U_G;②改变变压器的变比 k_1 和 k_2;③改变网络中流过的无功功率 Q;④改变线路的电抗。

下面就分别介绍这四种方法。

1. 发电机控制调压

控制同步发电机的励磁电流,可以改变发电机的机端电压。发电机允许在机端电压偏离额定值不超过±5%的范围内运行。对于由发电机直接供电的小系统,供电线路不长,输电线路上的电压损耗不大时,可以采用发电机直接控制电压的方式,以满足负荷对电压的要求。它不需增加额外的设备,因此是最经济、合理的控制电压措施,应该优先考虑。

但是输电线路较长、多电压等级的网络并且有地方负荷的情况下,仅仅依靠发电机控制调压已不能满足负荷对电压的要求。另外,在由多台发电机供电的系统中控制并联发电机母线电压会引起无功功率的重新分配,会与发电机的无功功率经济分配发生矛盾,故在大型电力系统中仅仅作为一种辅助性的控制措施。

2. 控制变压器变比调压

一般电力变压器都有可以控制调整的分接头,调整分接头的位置可以控制变压器的变比。通常,分接头设置在高压绕组。在高压电网中,各个节点的电压与无功功率的分布有着密切的联系,通过控制变压器的变比来改变负荷节点的电压,实质上是改变了无功功率的分布。变压器本身不是无功功率电源,因此,从整个电力系统来看,控制变压器变比调压是以全电力系统无功功率电源充足为基本条件的。当电力系统的无功功率电源不足

时,仅仅依靠改变变压器的变比是不能达到控制电压的目的的。

3.利用无功功率补偿设备调压

无功功率的产生基本上是不消耗能源的,但是无功功率沿线路传输时却要引起有功功率的损耗和电压的损耗。合理配置无功功率补偿设备和容量以改变电力网络中的无功功率分布,可以减小网络中有功功率的损耗和电压的损耗,从而改善用户负荷的电压质量。

并联补偿设备有调相机、静止补偿器、并联电容器,它们的作用都是在重负荷时发出感性无功功率,补偿负荷的无功需要,减小由于传送这些感性无功功率而在线路上产生的电压降落,以提高负荷端的输电电压。

4.利用串联补偿电容器控制电压

在输电线路上串联接入电容器,利用电容器上的容抗补偿线路中的感抗,使电压损耗分量减小,从而提高线路末端的电压。

2.8　电力系统调度的自动化

2.8.1　概　述

2.8.1.1　电力系统调度的主要任务

电力系统调度的任务,简单来说,就是控制整个电力系统的运行方式,使之无论在正常情况或者事故情况下都能符合安全、经济及高质量供电的要求。具体任务主要有以下几点:

1.保证供电的质量优良

电力系统首先应该尽可能地满足用户的用电要求,即其发送的有功功率与无功功率除去线路损耗与用户消耗后应为零。这样就可使系统的频率与各母线的电压都保持在额定值附近,即保证了用户得到质量优良的电能。为保证用户得到优质的电能,系统的运行方式应该合理。此外,还需要对系统的发电机组、线路及其他设备的检修计划进行合理的安排。在有水电厂的系统中,还应考虑枯水期与旺水期的差别,但这方面的任务接近于管理职能,它的工作周期较长,一般不算作调度自动化计算机的实时功能。

2.保证电力系统运行的经济性

电力系统运行的经济性与电力系统的设计有很大关系,因为电厂厂址的选择与布局、燃料的种类与运输途径、输电线路的长度与电压等级等都是设计阶段的任务,而这些都是与系统运行的经济性有关的问题。对于一个已经投入运行的系统,其发供电的经济性就取决于系统的调度方案。一般来说,大机组比小机组效率高,新机组比旧机组效率高,高压输电比低压输电经济。但调度时首先要考虑系统的全局,要保证必要的安全水平,所以要合理地安排备用容量的分布,确定主要机组的输出功率范围等。由于电力系统的负荷是经常变动的,发送的功率也必须随之变动。因此,电力系统的经济调度是一项实时性很强的工作,在使用了调度自动化系统后,这项任务大部分依靠计算机来完成。

3. 保证较高的安全水平

电力系统发生事故既有外因也有内因。外因是自然环境、雷雨、风暴、鸟栖等自然灾害;内因则是设备的内部隐患与人员的操作水平欠佳。虽然说完全由于误操作和过低的检修质量而产生的事故也是有的,但事故多半是由外因引起的,通过内部的薄弱环节而爆发。世界各国的运行经验证明,事故是难免的,但是一个系统承受事故冲击的能力却与调度水平密切相关。事故发生的时间、地点都是无法事先断言的,要衡量系统承受事故冲击的能力,无论在工作设计中,还是在运行调度中,都是采用预想事故估计的方法。即对于一个正在运行的系统,必须根据规定预想几个事故,然后分析计算。如果事故的后果严重,就应该选择其他的运行方式,以减轻可能发生的后果,或使事故只对系统的局部范围产生影响,而系统的主要部分却可免遭破坏。这就提高了整个系统承受事故冲击的能力,称为"提高了系统的安全水平"。由于系统的数据与信息量很大,负荷又经常变动,要对系统进行预想事故的实时分析,也只能在电子数字计算机应用于调度工作后,才有实现的可能。

4. 保证提供强有力的事故处理措施

事故发生后,面对受到严重损伤或遭到严重破坏的电力系统,调度人员的任务是及时采取强有力的事故处理措施,调度整个系统,使用户的供电能够尽快恢复,把事故造成的损失降低到最小,把一些设备超负荷运行的危险性及早排除。对于电力系统中只造成局部停电的小事故,或某些设备的过限运行,调度人员一般可以从容处理。大事故则往往造成频率下降、系统振荡甚至系统的稳定性破坏,系统被解列成几部分,造成大面积停电,此时要求调度人员必须采取强有力的措施使系统尽快恢复正常运行。

2.8.1.2　电力系统调度自动化系统的功能概述

从自动控制系统理论的角度看,电力系统属于复杂系统,又称"大系统",而且是大面积分布的复杂系统。复杂系统的控制问题之一是要寻找全系统的最优解,所以电力系统运行的经济性是指对全系统进行统一控制后的经济运行。此外,安全水平是电力系统调度的首要问题,对一些会使整个系统受到严重危害的局部故障,必须从调度方案的角度进行预防、处理,从而确定当时的运行方式。由此可见,电力系统是必须进行统一调度的。但是,现代电力系统的特点是:分布十分辽阔,大者达数千千米,小的也有一百多千米;对象多而分散,在其周围千余千米内,布满了发电厂与变电所;输电线路多形成网络。要对这样复杂而辽阔的系统进行统一调度,就不能平等地对待它的每一个装置或对象。电力系统调度时的必要信息包括电压、电流、有功功率等的测量值、开关与重要保护的状态信号、调器器的整定值、开关状态的改变及其他控制信息。

测量值与运行状态信号这类的信息一般由下层往上层传送,而控制信息是由调度中心发出的,控制所管辖范围内电厂、变电所内的设备。这类控制信息大都是全系统运行的安全水平与经济性所必需的。

由此可见,在电力系统调度自动化的控制系统中,调度中心的计算机必须具有两个功能:一个是与所属的电厂及省级调度中心等进行测量值、状态信息及控制信号的远距离、高可靠性的双向交换,简称"电力系统监控系统",即 SCADA 系统;另一个是本身应具有的协调功能。具有这两种功能的电力系统自动化系统称为"能量管理系统",即 EMS。这种协调功能包括安全监控及其他调度管理与计划等功能。图 2-36 是调度中心（EMS）的功能组合示意框图。其中，SCADA 子系统直接对所属厂、网进行实时数据的收集，以形成调度中心对全系统运行状态的实时监视功能；同时，又向执行协调功能的子系统提供数据，形成数据库。必要时，还可以人工输入有关资料，以利于计算与分析，形成协调功能。协调后的控制信息，再经由 SCADA 系统发送至有关厂、网，形成对具体设备的协调控制。

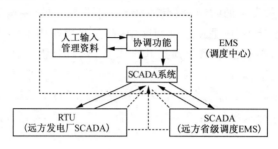

图 2-36　EMS 信息流程的主线示意图

2.8.1.3　电力系统调度自动化系统的发展历程

1.电力系统调度自动化系统的初级阶段

电力系统调度自动化的最初阶段，是布线逻辑式远动技术的采用。远动技术的主要内容是"四遥"——遥测、遥信、遥控、遥调。安装于各发电厂、变电所的远动装置，采集各机组的输出功率、各线路的潮流和各母线的电压等实时数据，以及各断路器等开关的实时状态，然后通过远动通道传给调度中心并直接显示在调度台的仪表和系统模拟屏上。遥测、遥信方式的采用等于给调度中心安装了"千里眼"，可以有效地对电力系统的运行状态进行实时的监视。远动技术还进一步提供了遥控、遥调的手段。

2.电力系统调度自动化系统的第二个阶段

电力系统调度自动化的第二个发展阶段，是电子计算机在电力系统调度工作中的应用。虽然远动技术使电力系统的实时信息直接进入了调度中心，调度员可以及时掌握系统的运行状态，及时发现电力系统的事故，减少了调度指挥的盲目性和失误，但是现代电力系统的结构和运行方式越来越复杂，现代工业和人们的生活对电能质量及供电可靠性的要求越来越高。全面解决这些问题需要大量的计算，需要装备类似于人类大脑的设备，这就是电子计算机。

3.电力系统调度自动化系统的快速发展阶段

近年来，随着计算机技术、通信技术和网络技术的飞速发展，SCADA 系统/EMS 进入了一个快速发展阶段。用户已经遍及全国各省市、地区，系统的功能也越来越丰富，系统的结构和配置也发生了很大变化，在短短数年间就经历了从集中式到分布式又到开放分布式的三个阶段。

2.8.1.4　SCADA 系统/EMS 的子系统划分

1.支撑平台子系统

支撑平台子系统是整个系统最重要的基础，有一个好的支撑平台才能真正地实现全系统同一平台、数据共享。支撑平台子系统包括数据库管理、网络管理、图形管理、报表管理、系统运行管理等。

2. SCADA 子系统

SCADA 子系统包括数据采集、数据传输及处理、计算与控制、人机界面及告警处理等。

3. 自动发电控制和经济调度控制(AGC/EDC)子系统

AGC/EDC 子系统是对发电机出力的闭环控制系统,不仅能够保证系统的频率合格,还能保证系统间联络线的功率符合合同规定的范围,同时还能使全系统的发电成本最低。

4. 电力应用软件(PAS)子系统

PAS 子系统包括网络建模、网络拓扑、状态估计、在线潮流、静态安全分析、无功优化、故障分析及短期负荷预报等。

5. 调度员培训系统(DTS)

DTS 本身由两台工作站组成:一台充当电网仿真和教员机,另一台用来仿真 SCADA 系统/EMS 和兼做学员机。

6. 调度管理信息系统(DMIS)

DMIS 属于办公自动化的一种业务管理系统,一般不属于 SCADA 系统/EMS 的范围。它与具体电力公司的生产过程、工作方式、管理模式有着非常密切的联系。

2.8.2　远程终端单元(RTU)

2.8.2.1　RTU 的任务

远程终端单元(也常称为"远动终端单元")是电网调度自动化系统的基础设备,它们安装于各变电所或发电厂内,是电网调度自动化系统在基层的"耳目"和"手脚"。其具体任务包括以下各项:

1. 数据采集

(1)模拟量:如采集电网重要测点的 P、Q、U、I 等运行参数,这属于遥测。

(2)开关量:如断路器的开或关状态,自动装置或继电保护的工作状态等,这属于遥信。

(3)数字量:如水电厂的坝前水位、坝后水位等,这也属于遥测。

(4)脉冲量:如脉冲电能表的输出脉冲(电能计量),这也属于遥测。

2. 数据通信

按预定的通信规约的规定,自动循环(或按调度端要求)地向调度端发送所采集的本发电厂、变电所的数据,并接受调度端下达的各种命令。

3. 执行命令

根据接收到的调度命令,完成对指定对象的遥控、遥调等操作。

4. 其他功能

(1)当地功能:对有人值班的较大站点,如果配有显示器、打印机等,可完成显示、打印功能,越限告警功能,事件顺序记录功能等。

(2)自诊断功能:可完成程序出现死机时自行恢复功能,自动监视主、备用通信信道及切换功能,个别插件损坏诊断报告功能等。

2.8.2.2 RTU 的结构

以功能划分模块,除主 CPU 模块外,其他各主要模块如"模入"模块、"开入"模块等也都配有自己的 CPU。这类智能模块可用常规芯片,也可用单片机构成。主 CPU 模块统筹全局,与各模块采用并行或串行方式进行通信。公共总线(包括数据总线、地址总线和控制总线)由主 CPU 控制,通过地址总线来选择各模块,只有被选中的模块才能接收控制信号并存储数据。主 CPU 可用命令来定义各模块、设置工作参数,并对其定时扫描。遥信模块也可采用中断方式通知主 CPU 取数,以使遥信变位等故障信息尽早被处理。这种模块结构配置灵活,功能扩展十分方便,也减轻了主 CPU 的负担,提高了数据采集和处理的速度。

2.9 电力系统动态模拟

2.9.1 模拟理论的基本概念

根据相似理论,模型和原型的物理现象相似,这意味着在模型和原型中,用以描述现象和过程的相应参数和变量在整个研究过程中,保持一个不变的、无量纲的比例系数。满足这个相似判据的模拟系统,其参数和变量以标幺值表示的数值在整个过程中与原型的相等。在动态模拟中,还希望模型和原型的物理现象有相同的时间标尺,即模型和原型各元件的时间常数应该相等。电力系统动态模拟又可描述为:将实际的电力系统参数按一定的比例缩小,并保留其物理特性不变,建立一个模型,通过在模型上进行实验得出结论的方法。描述电力系统一般采用微分方程。按照上述理论,描述原型的微分方程和描述模型的微分方程对应参数的标幺值一样,过渡过程一样,则从数学角度看,两个方程完全一样。这样,模型的解也就是原型的解。因此,模型的实验结论也就是原型的实验结论。

2.9.2 主要电气设备的模拟

2.9.2.1 励磁系统的模拟

励磁系统的模拟对研究电力系统的正常运行和过渡过程具有极为重要的意义。在实验室中,想采用物理模拟的方法来模拟多种多样的励磁系统是很困难的,因为即使能采用相同的励磁方式进行模拟,也很难模拟励磁机的励磁绕组、漏磁现象、调节装置的调节规律等。这一方面是由于模拟对象有一些参数很难准确测量出来,另一方面是由于设备调节的限制。因此,只能考虑在可能的条件下,达到某种程度的相似。

1.励磁系统的模拟条件

当要求励磁系统能够全面模拟大型发电机励磁系统的物理过程时,需要满足以下条件:原型和模型的发电机转子励磁回路具有相同的标幺值参数;模拟的励磁系统中的各元件和原型励磁系统中的相应元件,具有相似的静态和动态特性;模型中的励磁调节装置和原型的励磁调节装置具有相同的特性。

2.励磁绕组时间常数的模拟

发电机转子的励磁绕组可以看成是电感(L)和电阻(R)的串联,其时间常数(T)= L/R。由于实验室模拟发电机受转子惯性时间常数等技术条件的限制,其模拟发电机转子励磁回路的时间常数一般都比电力系统中原型发电机的励磁时间常数小。因此,在实验室中进行特性模拟时,为使发电机的过渡过程与原型相似,应精确地模拟时间常数的值。通常在励磁回路中串加负电阻器,以减小励磁回路中的总电阻值,从而增加时间常数,达到较为真实的模拟。

3.励磁方式和调节规律的模拟

模型的励磁方式和调节规律应与原型的相同,对应元件应有相似的参数和特性。

同步发电机的励磁方式是多种多样的,其特性及对电机暂态过程的影响也是很不一样的。模拟励磁系统应与原型有相同的励磁方式,组成的各主要元件应具有相似的静态和动态特性。

由于实验室所采用的微机励磁调节器采用增强型线性最优励磁控制,因此可以获得良好的静态及动态特性:兼有很高的稳压精度和很强的稳频能力,能有效地抑制电力系统的低频振荡,大幅度提高发电机组的静态稳定极限和动态稳定极限,具有调节性能好、适应性强、控制参数整定方便等优点。有的微机励磁调节器还具有监视励磁控制系统状态量,查询与修改励磁调节器控制参数,励磁调节器硬件辅助调试测定,励磁常规实验等功能,为励磁调节器的调试、整定、实验、运行、维护提供全方位的服务。

2.9.2.2 原动机及其调速系统模拟

1.原动机特性的模拟

在研究电力系统的机电暂态过程时,原动机的模拟是一个重要的环节。如果过渡过程能在短时间内完成,则只要求模拟机组有足够的转动惯量即可。当研究有关动态稳定的课题时,转速变化一般不超过1%。

电力系统的原动机系统包括汽轮机、水轮机和动力部分。原动机特性的模拟,可以采用物理模拟或数学模拟的方法。由于物理模拟比较复杂,因此普遍采用由直流电动机直接拖动的方法。这实质上是一种数学模拟,是根据数学相似的原理进行模拟的。其仿真系统框图如图2-37所示。

2.调速系统的模拟

调速系统是原动机系统的一个重要组成部分,它的主要作用是自动维持机组的转速和自动分配机组之间的负荷。调速系统的模拟可以采用物理模拟和数学模拟两种方法来实现。物理模拟就是把原型调速器按一定的相似条件加以缩小。这种调速系统由于结构复杂,特性和参数调整不方便,所以很少采用。调速系统也可以采用数学方法模拟,在采用这种方法时,首先要找出原型调速系统的运动方程组(一般是非线性方程组),根据相似原理,用另一种具有同样微分方程组的装置进行模拟。

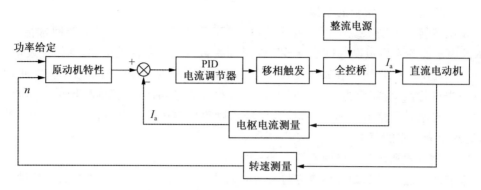

图 2-37　原动机特性仿真系统框图

2.9.2.3　变压器的模拟

1.变压器模拟的要求

当研究电力系统的电磁暂态过程时,没有必要保证变压器在结构上与原型相似,因为并不要求研究变压器内部的各种现象,所以可以将变压器视作一个集中参数的元件来模拟。有以下几个模拟的基本要求:模拟变压器的短路电抗标幺值与原型的相同;模拟变压器的铜耗和短路损耗的标幺值和原型的相等;模拟变压器在额定电压时的空载电流和空载损耗的标幺值和原型的相等;模型和原型的控制特性以标幺值表示应相等。

2.变压器模拟的特点

因为变压器的短路损耗(主要是铜损)与绕组内的电流密度的平方成比例,故减小电流密度是降低短路损耗的有效措施。在模型变压器中,电流密度一般取 $0.3\ \mathrm{A/mm^2}$ 以下,较之普通变压器的电流密度小很多,其短路电压值也大大减小。在故障模型变压器中,为了达到与原型相同的短路电压值,可以采用以下三种解决办法。第一种是补偿的方法:在变压器电路中串接电抗器,为了不增加额外的短路损耗,要求电抗器具有较高的品质因数。第二种是减小磁阻的办法:减小漏磁通路径中的磁阻,可以增加漏磁通,也就是增加变压器的短路电压。第三种是不平衡绕组法:在同一个铁芯上,使高低压绕组的磁动势不平衡,由于磁动势之差会引起很大的附加漏磁,因而使短路电抗大大增加。

在动态模拟实验中,一般用于变压器模拟的有双线圈变压器、三线圈变压器和自耦变压器。实验室中的模型一般做成单相,也可以做成三相,以替代三个单相的模型,但其结构要更复杂些。总之,设计形式可以是多种多样的,但应注意与原型相似的要求。

2.9.2.4　输电线路的模拟

在动态模拟实验室中,输电线路模型一般不要求空间电磁场的相似,也不要求波沿线路传播速度的相似,而只要求线路上某点的电压与电流随时间变化过程的相似,因而可以采用等值电路,以分段集中参数来模拟分布参数。当在模型上研究电力系统的各种运行方式和机电过渡过程时,这样的输电线路模型是完全可以满足的。

交流输电线路一般由三相导线组成,每相导线都有自感与对地电容,导线与导线之间还有互感和电容。如果是双回路,则回路与回路之间也存在互感和电容。这样一个联系极为复杂的电路,在用集中参数来模拟时,必须考虑这些互相联系的作用。在研究过程中,如果不需要线路非全相运行,最简单的方式就是采用普通链式回路模型。这就是说,模拟不是按照其集合参数进行的,而是按其相序网络参数进行的。这种模拟方法,既可以省去较困难的互感模拟,又可以通过变换计算,减少元件数目。

2.9.2.5 电力系统的负荷模拟

1.负荷模拟的基本条件

由于电力系统中负荷的大小和性质是不断变化的,且是一个随机过程,同时是分布在整个系统中的,因此要确定它的大小和性质,不是一个简单的问题。因此,在进行负荷模拟时,一般都采用近似的方法,只对某些典型的运行情况进行模拟,同时用相对集中和比较固定的负荷去等效分散和经常变化的负荷。在模拟中,一般考虑以下几个主要条件:模型与原型的负荷功率应成一定比例,且应按照统一的功率比确定模型的容量;各类负荷的比例应与原型相适应,以保证有相同的功率因数和负荷特性;模拟负荷的静态特性应与原型的相同;模型与原型电动机轴上的阻力机械特性应相等;供电线路应有相同的接线方式和电气参数。

2.电力系统综合负荷特性模型

所谓负荷特性,就是负荷所消耗的有功功率及无功功率与电压或频率的关系。有两种不同的负荷特性:静态特性和动态特性。静态特性是当电压(或频率)变化非常缓慢时,相当于系统处于稳态运行的情况下,负荷所消耗的功率与转矩、电流、电压或频率的关系。动态特性是与上述一样的特性,但它是在运行情况变化很快时获取的特性。

照明负荷的特性:一般的白炽灯照明负荷只消耗有功功率,且大致上与电压的1.6次方成比例,与频率无关;荧光灯除了消耗有功功率外,还消耗一定的无功功率,其有功功率与频率有关,当频率降低 1% 时,其功率降低 0.5%～0.8%。

异步电动机负荷是电力系统中最重要的负荷,它不仅比重大,而且由于它所拖动的阻力机械类型繁多,因此,其特性十分复杂。在进行模拟时,首先应考虑异步电动机本身参数和特性的模拟,其次是阻力机械特性的模拟。对异步电动机本身进行模拟时,应先确定单机容量。由于在进行电力系统模拟时,功率比一般是根据模型机组的容量与原型机组或电厂容量的比例,并考虑参数的模拟要求预先选定的,因此,应该按照同样的比例计算出模拟负荷机组的容量,然后选择容量比较接近的负荷机组进行模拟。由于机械的时间常数只能增大不能减小,因此,模型负荷机组不能选得太大。虽然容量较大的机组可以降低容量使用,但这样可能使模型的惯性时间常数大于原型的时间常数,导致参数调整困难。

第3章 电力系统实验设备

电力系统综合实验装置是电力系统新型教学实验系统。此系统不仅可用于实验教学,也可用于学生的课程设计实验,还可用于研究生、科研人员的开发实验,及电力系统技术人员的培训。

3.1 电力系统综合实验装置概述

电力系统综合实验装置由发电机组、实验操作台、无穷大系统等三大部分组成。

3.1.1 发电机组

发电机组是由同在一根轴上的三相同步发电机($S_N = 2.5 \text{ kVA}, U_N = 400 \text{ V}, n_N = 1500 \text{ r/min}$)、模拟原动机用的直流电动机($P_N = 2.2 \text{ kW}, U_N = 220 \text{ V}$)、测速装置和功率角指示器组成的。

3.1.2 实验操作台

实验操作台由输电线路单元、微机线路保护单元、负荷调节和同期单元、仪表测量和短路故障模拟单元等组成。其中,负荷调节和同期单元由"微机调速装置""微机励磁调节器""微机准同期控制器"等装置组成。

3.1.3 无穷大系统

无穷大系统由 15 kVA 的自耦调压器组成。通过调整自耦调压器的电压,可以改变无穷大母线的电压。

实验操作台的"操作面板"上有模拟接线图、操作按钮、切换开关、指示灯和测量仪表等。操作按钮与模拟接线图中被操作的对象结合在一起,并用灯光颜色表示其工作状态,具有直观的效果。红色灯亮表示开关在合闸位置,绿色灯亮表示开关在分闸位置。

3.2 无穷大系统

无穷大系统可以看作是一台内阻抗为零,频率、电压及其相位都恒定不变的同步发电机。在本实验系统中,是将交流 380 V 电压经 15 kVA 自耦调压器,通过输电线路与实验用的同步发电机构成"单机—无穷大"的简单电力系统。

3.2.1 无穷大电源的投入操作

在投入"电源开关"之后,自耦调压器原方已接通了动力电源,按下无穷大系统中"系统开关"的"红色按钮"。"系统开关"合上后,其"红色按钮"的指示灯亮,"绿色按钮"的指示灯灭,表示无穷大母线得电,观察"操作面板"上"系统电压"表的指示是否为实验要求值。

调整自耦调压器的把手,顺时针增大或逆时针减小输出至无穷大母线上的电压,调整到实验的要求值(一般为 380 V)后,即完成了无穷大电源的投入工作。此时,可通过"系统电压"表下方对应的"电压切换"开关观测三相电压是否对称。

3.2.2 无穷大电源的切除操作

无穷大电源的切除操作大多数是在实验已经完成,发电机已与系统解列,所有线路均已退出工作之后进行的。

按下"系统开关"的"绿色按钮","绿色按钮"的指示灯亮,"红色按钮"的指示灯灭,表示"系统开关"已断开,无穷大电源的切除操作已完成。

3.3 原动机及其调速系统

原动机是一台功率为 2.2 kW 的直流电动机,其励磁恒定,调节其电枢电压来改变电动机的出力。电枢电压的供电电源是由 380 V 电压通过整流变压器降压后,经可控硅整流装置整流再通过平波电抗器半波后供给的(见图 3-1)。可控硅整流装置的控制由"操作面板"左下部的"微机调速装置"完成,其开机方式有以下三种:

(1)"模拟"开机方式,通过调整指针电位器来改变可控硅整流装置的输出电压。

(2)"微机手动"开机方式,通过"增速"和"减速"按钮来改变发电机的转速。

(3)"微机自动"开机方式,由微机自动将机组升到额定转速,并列之后,通过"增速"和"减速"按钮来改变发电机的频率及功率。

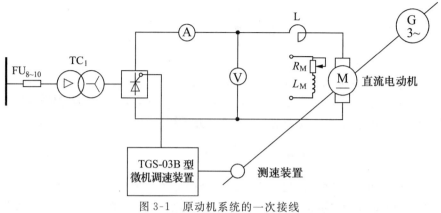

图 3-1　原动机系统的一次接线

3.3.1　微机调速装置

同步发电机的开机运行必须给其原动机提供一个电源,使发电机组逐步运转起来。传统的方法是用人工的方法调节其电枢或者励磁电压,使发电机组升高或降低转速,达到预期的转速。这种方法已逐渐不适应现代设备的高质量要求。微机调速装置既可以使用传统的人工调节方法,也可以跟踪系统频率进行自动调速,可简单、快速地达到系统的频率,具有很好的效果。

3.3.1.1　微机调速装置的功能

微机调速装置具有以下功能:①测量发电机转速;②测量系统功率角;③手动模拟调节;④微机自动调速,即手动数字调节和自动调速;⑤测量电网频率。

3.3.1.2　微机调速装置的操作面板

TGS-03B 型微机调速装置的操作面板包括 6 位 LED 数码显示器、13 个信号指示灯、7 个操作按钮和 1 个多圈指针电位器等(见图 3-2)。其具体用途及操作方法如下:

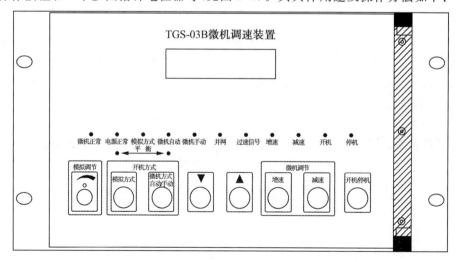

图 3-2　TGS-03B 型微机调速装置的操作面板示意图

1.信号指示灯

(1)装置运行指示灯 1 个,即"微机正常"指示灯。点亮时表示微机调速装置运行正常。

(2)电源指示灯 1 个,即"电源正常"指示灯。点亮时表示微机调速装置的电源正常。

(3)方式选择指示灯 3 个,即"模拟方式"指示灯、"微机自动"指示灯、"微机手动"指示灯。当选中某一方式时,对应的指示灯将点亮。

(4)并网信号指示灯 1 个,即"并网"指示灯。当发电机开关合上时灯亮。

(5)监控电机速度指示灯 1 个,即"过速信号"指示灯。当频率超过 55 Hz 时灯亮。

(6)增、减速操作指示灯 2 个,即"增速"指示灯、"减速"指示灯。当按下"增速""减速"按钮或者远方控制增、减速时对应的指示灯亮。

(7)"开机"指示灯、"停机"指示灯各 1 个,对应不同的电机状态。

(8)"平衡"指示灯 2 个。本装置可实现"微机自动"与"微机手动"方式的自由切换:在"模拟方式"下可自由切换到"微机方式",在"微机方式"下通过调节指针电位器观察平衡灯也可在不关机的情况下自由切换到"模拟方式"。

2.操作按钮

操作按钮分 4 个区,共 7 个按钮。

(1)"开机方式"选择区有 2 个按钮:一个为"模拟方式"按钮,另一个为"微机方式"下的"自动/手动"选择按钮。

(2)"显示切换"区有"▲""▼"2 个按钮,可进行显示切换。

(3)"微机调节"区有 2 个按钮,即"增速"按钮、"减速"按钮。

(4)"开机/停机"区有 1 个按钮,按下为"开机"命令,松开为"停机"命令。

3.模拟调节区

"模拟调节"区有 1 个指针电位器,即可在"模拟方式"下进行手动调节。

4.数码显示器

按下"▲""▼"键可循环显示表 3-1 中的参数。

表 3-1   **数码显示器的参数显示**

序号	显示符号	含义
1	F 0.00	发电机频率
2	IA 0.00	发电机电枢电流
3	IL 0.00	发电机励磁电流
4	Ud 0.00	可控硅整流装置触发电压(控制量)
5	UA 0.00	发电机电枢电压
6	dd 00	功率角
7	Fg 0.00	发电机给定频率
8	Fb 0.00	发电机基准频率

3.3.2 "模拟方式"下的开、停机操作

3.3.2.1 开机操作

将指针电位器(旋钮)调整至零,使微机调速装置的输出为零,在"微机调速"面板上的"开机方式"选择区,按下"模拟方式"按钮,此时"模拟方式"指示灯亮,即选择的开机方式为"模拟方式"。

在"操作面板"上按下"原动机开关"的"红色按钮","红色按钮"的指示灯亮,"绿色按钮"的指示灯灭,表示可控硅整流装置上已有三相交流电源。同时,可控硅冷却风扇运转,发电机测功率角盘的频闪灯亮,为发电机开机做准备。

在"微机调速"面板上按下"开机/停机"按钮,对应的"开机"指示灯亮。在"模拟调节"区顺时针旋转指针电位器,增加输出量,加大可控硅整流装置的导通角,可以观察到"原动机电压"表有低电压指示。继续旋转电位器,可以观察到 2.5 kVA 的发电机组开始顺时针启动加速,此时应观察机组的稳定情况,监视发电机的转速。然后缓慢加速直至达到额定转速即 1500 r/min,待发电机励磁投上以后,调整发电机频率为 50 Hz。

当发电机与无穷大系统并列以后:此时再顺时针旋转电位器,即为增加发电机输出的有功功率;逆时针旋转电位器,即为减小有功功率,同时可以观测到功率角的变化。

3.3.2.2 停机操作

首先应该将发电机输出的有功功率、无功功率调至零;然后将发电机与系统解列,即跳开"发电机开关";再将发电机逆变灭磁或者跳开励磁开关灭磁。逆时针旋转"模拟调节"区的指针电位器,使其输出为零,这时机组速度随惯性减为零,按下"开机/停机"按钮,对应的"停机"指示灯亮。

按下"原动机开关"的"绿色按钮","绿色按钮"的指示灯亮,"红色按钮"的指示灯灭,表示原动机的动力电源已被切断。同时,可控硅冷却风扇停止运转,发电机测功率角盘的频闪灯灭。

在"开机方式"选择区松开"模拟方式"按钮,"模拟方式"指示灯灭,"微机自动"指示灯亮,即结束了"模拟方式"的开、停机操作,为下一次实验做准备。

3.3.3 "微机自动"方式下的开、停机操作

3.3.3.1 开机操作

当微机调速装置的按钮全松开时,则"开机方式"选择为"微机自动"方式,此时"微机自动"指示灯亮,数码管显示"发电机转速"为零。合上"原动机开关",即给三相可控硅整流装置供电。按下"开机/停机"按钮,此时"开机"指示灯亮,可控硅整流装置的导通角逐渐增大,"原动机电压"表的电压值也在增大,发电机开始启动,然后逐渐逼近额定转速。

给上励磁电压后,当同期条件满足时,发电机与系统并列,即"发电机开关"合上,"并网"指示灯亮;当同期条件不满足时,可以通过"微机调节"区的"增速"或"减速"按钮来调节发电机的转速,也可以通过微机准同期控制器,自动调节发电机的转速。

当并网成功后(冲击电流很小),数码管显示的功率角接近为零;通过"显示切换"按钮

可以分别看到"发电机转速""可控硅控制量""发电机功率角"等量。当需要增加或减小发电机的有功功率时,可通过"增速"或"减速"按钮来改变其功率大小,此时可以看到功率角的大小变化。

3.3.3.2 停机操作

当需要停机时,应先将发电机输出的有功功率、无功功率减至零;然后将发电机与系统解列,即跳开"发电机开关";再将发电机逆变灭磁或者跳开励磁开关灭磁;松开"开机/停机"按钮,此时"开机"指示灯灭,"停机"指示灯亮,"控制量"递减直至为零,发电机停止转动。

当发电机的转速为零时,跳开"原动机开关",可控硅冷却风扇停止运转,发电机测功率角盘的频闪灯灭,即"微机自动"方式下的开、停机操作结束。

3.3.4 "微机手动"方式下的开、停机操作

3.3.4.1 开机操作

在"开机方式"选择区,按下"微机方式自动/手动"按钮,则"开机方式"选择为"微机手动"方式,此时"微机手动"指示灯亮。合上"原动机开关",即给三相可控整流装置供电。按下"开机/停机"按钮,此时"开机"指示灯亮,"停机"指示灯灭,调速器处于待命状态。

在"微机调节"区按下"增速"按钮,"增速"指示灯亮,则调速装置显示的"控制量"增加,原动机的电枢电压也增加,发电机开始缓慢启动,转速开始上升;松开"增速"按钮,其对应的指示灯灭,显示的"控制量"变化停止,由于惯性的影响,发电机的转速将会继续增大,逐渐稳定在某一频率,转速相对稳定。

继续按"增速"按钮,发电机的转速将继续上升,同时调节发电机到额定转速,然后建立电压与系统并列,"并网"指示灯亮。并网以后再按下"增速"或"减速"按钮则可增加或减小发电机输出的有功功率,同时也将改变发电机对系统的功率角。

3.3.4.2 停机操作

当实验完毕,准备停机时,应先将发电机输出的有功功率、无功功率减至零;然后将发电机与系统解列,即跳开"发电机开关";再将发电机逆变灭磁或者跳开励磁开关灭磁;按下"减速"按钮,则调速装置显示的"控制量"将缓慢减小,发电机的转速将逐渐降低,当"控制量"递减直至为零时,发电机停止转动。

松开"开机/停机"按钮,"停机"指示灯亮,松开"微机方式"按钮;跳开"原动机开关",即完成了"微机手动"方式下的开、停机操作,为下一次实验做准备。

3.4 同步发电机励磁系统

本实验装置中的同步发电机有三种励磁方式可供选择:

(1)"手动励磁"方式:它是将 220 V 交流电压通过变压器降压后,经自耦调压器调至需要的电压,再通过整流桥整成直流电向同步发电机励磁绕组供电。励磁调节由实验人

员手动操作自耦调压器来实现。

(2)"他励"方式:它是将380 V交流电压通过变压器降压后,经可控硅整流装置整流后向发电机励磁绕组供电。

(3)"自并励"方式:它是将发电机机端电压通过变压器降压后,经可控硅整流装置整流后向发电机励磁绕组供电。

3.4.1 微机励磁调节器

微机励磁调节器的励磁方式可选择他励和自并励两种。其控制方式可选择恒U_F(保持机端电压稳定)、恒I_L(保持励磁电流稳定)、恒α(保持控制角稳定)、恒Q(保持发电机输出的无功功率稳定)四种。

微机励磁调节器设有定子过电压保护和励磁电流反时限延时过励限制、最大励磁电流瞬时限制、欠励限制、伏赫限制等励磁限制功能,以及按有功功率反馈的电力系统稳定器(PSS);励磁调节器的控制参数可在线修改,在线固化、灵活方便,能做到最大限度地满足教学、科研灵活多变的需要;具有实验录波功能,可以记录U_F、I_L、U_L、P、Q、α等信号的时间响应曲线,供实验分析用。

微机励磁调节器的面板包括8位LED数码显示器,若干个指示灯和按钮,强、弱电测试孔以及串行通信接口等。

3.4.2 励磁调节器开机前的准备工作

3.4.2.1 选择励磁方式

(1)在实验台的"操作面板"上,切换"励磁方式"开关,选择励磁方式。

(2)检查励磁调节器面板上的"他励""自励"等指示灯的指示是否正确。

3.4.2.2 选择起励方式

起励方式可选择"恒I_L"、"恒α"(仅在"他励"方式下有效)和"恒U_F"三种。

当选择"恒I_L"或者"恒U_F"运行方式时,发电机有自动起励和手动起励两种方式供选择。

如果选择"自动起励"方式,则在开机前将励磁开关合上,且将"灭磁"按钮松开,这样当发电机的频率升到47 Hz以上时,它将自动起励。

如果选择"手动起励"方式,则先将"灭磁"按钮按下锁定,将发电机升到额定转速后,再合上励磁开关,松开"灭磁"按钮,进行手动起励。

3.4.3 励磁调节器运行调整的操作方法

3.4.3.1 开启发电机组

按照调速器的使用说明启动同步发电机组(以励磁调节器选择"手动起励"方式为例),开机将发电机升速到额定转速后,检查励磁调节器的频率显示是否正常。

3.4.3.2 建立发电机电压

松开"灭磁"按钮,"灭磁"指示灯熄灭,发电机开始建压。

若以"恒U_F"方式运行,则自动建压到与母线电压一致(当母线电压为额定电压的85%~115%时),或额定电压(当母线电压在额定电压的85%~115%以外的区域时)。

3.4.3.3　发电机电压的调整

发电机建压后,可操作"增磁"或"减磁"按钮升高或降低发电机的机端电压。

3.4.3.4　发电机与系统并网

按准同期准则手动或用微机自动准同期器自动合上发电机的出口开关,将发电机并入电网。

3.4.3.5　增、减发电机的功率

在发电机并入电网时:增、减无功功率,需操作"增磁"或"减磁"按钮;增、减有功功率,则需操作调速器的"增速"或"减速"按钮。

3.4.3.6　发电机与系统解列

解列前一般需要将负荷减到零值(有功功率和无功功率都等于零),再手动跳开发电机的出口开关(发电机甩负荷实验除外)。

3.4.3.7　停机与灭磁

实验完毕,操作调速器的"减速"按钮停机,励磁调节器在频率下降到43 Hz以下时,将会自动执行低频灭磁功能,实现逆变灭磁。

3.4.4　"手动励磁"方式的操作

当发电机启动成功后,在实验台的"操作面板"上,将"励磁方式"切换开关切向"手动励磁"方向,选定为"手动励磁"方式,然后将"操作面板"上的"手动励磁"旋钮逆时针调到输出最小值。按下发电机"励磁开关"的"红色按钮","红色按钮"的指示灯亮,"绿色按钮"的指示灯灭,表示同步发电机励磁开关已投入,此时,可以由"励磁电流"表、"励磁电压"表和"发电机电压"表看到发电机励磁系统的工作状态。

顺时针调节"手动励磁"旋钮,则增加励磁;逆时针调节旋钮,则减小励磁。

在实验过程中,根据发电机机端电压或输出无功功率大小的要求,调节"手动励磁"旋钮的位置,使其满足实验要求。

"手动励磁"方式的停止,必须在发电机与系统解列后进行。首先,手动将负荷减到零,然后解列,再将"手动励磁"旋钮逆时针旋至最小,最后按下"励磁开关"的"绿色按钮"。此时,"绿色按钮"的指示灯亮,"红色按钮"的指示灯灭,表示发电机的励磁投切开关已断开,发电机的励磁绕组已停止供电,"手动励磁"方式的停止操作即告完成。

3.5　同步发电机的准同期并列

发电机的并列操作是在原动机启动操作、发电机励磁启动操作、无穷大系统投入操作以及输电线路开关投入操作等完成之后进行的。也就是说,在"操作面板"上的"发电机开

关"两侧均有电压的情况下,才能进行发电机的并列操作。

3.5.1 微机准同期控制器概述

在电力系统中,同步发电机的同期并列操作是一项经常性的基本操作。不恰当的并列将导致很大的冲击电流,甚至造成损坏发电机组的严重后果。为了保证安全、快速地并列,必须借助于自动准同期控制装置。传统的模拟式自动准同期装置由于其快速性和准确性欠佳,已经不适应现代电力系统运行的高质量要求。采用微机自动准同期装置实现同步发电机自动准同期并列操作,可以做到既安全可靠,又快速准确,现已在电力系统中得到广泛的应用。

3.5.2 微机准同期控制器的操作面板

HGWT-03B型微机准同期控制器的操作面板上设有 LED 显示器、信号指示灯、LED旋转灯光整步表、命令按钮、信号测试孔等,如图 3-3 所示。

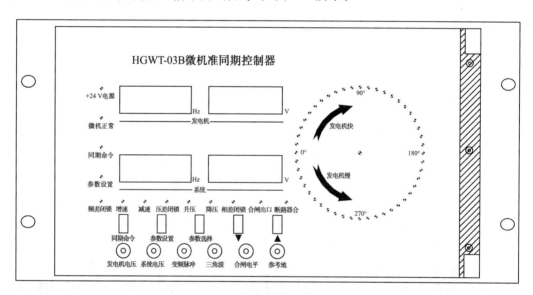

图 3-3　HGWT-03B 型微机准同期控制器的操作面板示意图

3.5.2.1　16 位 LED 数码显示器

数码显示器主要用以显示发电机频率、发电机电压、系统频率、系统电压及准同期控制整定参数。

3.5.2.2　信号指示灯

信号指示灯共有 14 只,分别是:"＋24 V 电源"指示灯、"微机正常"指示灯、"同期命令"指示灯、"参数设置"指示灯、"频差闭锁"指示灯、"增速"指示灯、"减速"指示灯、"压差闭锁"指示灯、"升压"指示灯、"降压"指示灯、"相差闭锁"指示灯、"合闸出口"指示灯、"断路器合"指示灯、"圆心"指示灯。各个信号指示灯的用途如下:

1."+24 V电源"指示灯

"+24 V电源"指示灯亮,表示+24 V工作电源正常。

2."微机正常"指示灯

微机准同期控制器工作正常时,"微机正常"指示灯的灯光闪烁;"微机正常"指示灯常亮或常熄表示控制器工作异常。

3."同期命令"指示灯

控制器仅当收到同期命令后,才进行均压、均频控制及检测合闸条件,并且当一次合闸过程完毕,或发出同期命令后在规定时间内没有检测到合闸条件时,控制器会自动解除合闸命令,以避免二次合闸。同期命令一般由运行人员通过同期开关发给控制器,也可通过"操作面板"上的"同期命令"按钮给出。控制器收到同期命令后,"同期命令"指示灯亮,"微机正常"指示灯闪烁加快;解除同期命令后,"同期命令"指示灯熄。

4."参数设置"指示灯

为适应不同的应用场合(断路器开关时间或长或短,调速器调节机组转速的性能以及励磁调节器调节发电机电压的性能不同,同步发电机接入电力系统的连接阻抗不同等),准同期控制器需要灵活整定参数,使用时需要根据具体应用场合的实际情况选取一组最佳参数予以整定,整定完毕一般不再修改。

为防止误操作破坏原有的控制参数,特设"参数设置"按钮和"参数设置"指示灯。"参数设置"指示灯亮,表示进入"参数设置"状态,此时可以修改参数;"参数设置"指示灯灭,表示退出"参数设置"状态,此时"参数设置"功能被闭锁。"参数设置"状态的进入与退出,由"参数设置"按钮控制,按下"参数设置"按钮,"参数设置"状态的进入与退出交替出现。

5."频差闭锁"指示灯

当频率差Δf大于整定的允许频率差Δf_y时,"频差闭锁"指示灯亮,表示频率差条件不满足,合闸被闭锁;当频率差Δf小于整定的允许频率差Δf_y时,"频差闭锁"指示灯熄,表示频率差条件满足。

6."增速"指示灯

当频率差Δf大于整定的允许频率差Δf_y且发电机频率f_F小于系统频率f_X时,控制器输出加速脉冲,"增速"指示灯亮。灯亮的持续时间正比于频率差大小及均频系数,灯的亮熄周期由均频周期决定。

7."减速"指示灯

当频率差Δf大于整定的允许频率差Δf_y且发电机频率f_F大于系统频率f_X时,控制器输出减速脉冲,"减速"指示灯亮。灯亮的持续时间正比于频率差大小及均频系数,灯的亮熄周期由均频周期决定。

8."压差闭锁"指示灯

当电压差ΔU大于整定的允许电压差ΔU_y时,"压差闭锁"指示灯亮,表示电压差条件不满足,合闸被闭锁;当电压差ΔU小于整定的允许电压差ΔU_y时,"压差闭锁"指示灯熄,表示压差条件满足。

9."升压"指示灯

当电压差ΔU大于整定的允许电压差ΔU_y且发电机电压U_F小于系统电压U_X时,控制器输出升压脉冲,"升压"指示灯亮。灯亮的持续时间正比于电压差大小及均压系数,灯的亮熄周期由均压周期决定。

10."降压"指示灯

当电压差ΔU大于整定的允许电压差ΔU_y,且发电机电压U_F大于系统电压U_X时,控制器输出降压脉冲,"降压"指示灯亮。灯亮的持续时间正比于电压差大小及均压系数,灯的亮熄周期由均压周期决定。

以上增速、减速、升压、降压的调节量与其灯亮的持续时间成正比。

11."相差闭锁"指示灯

当相角γ大于允许越前角γ_{yq}(允许越前角＝越前时间×滑差角频率)时,"相差闭锁"指示灯亮;当相角γ小于允许越前角γ_{yq}时,"相差闭锁"指示灯熄。

12."合闸出口"指示灯

当频率差和电压差条件全部满足(此时"微机正常"指示灯闪烁速度进一步加快)时,控制器在当前相角等于允许越前角的时刻发出合闸命令,此时"合闸出口"指示灯亮,合闸完毕指示灯熄,同时解除合闸命令,以避免二次合闸,此时"微机正常"指示灯的闪烁速度恢复正常。

13."断路器合"指示灯

该指示灯可反映发电机开关的实际状态,灯亮表示断路器合,灯熄表示断路器跳开。

14."圆心"指示灯

该指示灯位于LED旋转灯光整步表的中心,当准同期合闸条件(频率差和电压差、相角差)全部满足时,灯亮。

3.5.2.3　LED旋转灯光整步表

用48只发光二极管围成一个圆圈,表示360°相角(每点7.5°),用点亮二极管的方法指示当前相角,因此当相角在0°到360°之间变化时,灯光就旋转起来,如同整步表一样。如果接入准同期控制器的系统电压取自线路末端,该灯光整步表还可在发电机并入系统后指示发电机机端电压与系统电压之间的功率角。

3.5.2.4　操作按钮

操作按钮共有6个,分别是"同期命令"按钮、"参数设置"按钮、"参数选择"按钮、"下三角▼"按钮、"上三角▲"按钮、"复位"按钮。其功用如下:

1."同期命令"按钮

"同期命令"按钮用于向控制器发出同期命令,控制器接收到同期命令后按准同期条件进行合闸控制。"同期命令"按钮不能解除发出的同期命令,只有当控制器发出一次合闸命令后,或者"同期方式"切换开关切向"手动"同期方式时,同期命令才会自动解除。

2."参数设置"按钮

"参数设置"按钮用于进入与退出"参数设置"状态。在"参数设置"状态,"参数设置"指示灯亮时可以修改控制器的参数;在退出"参数设置"状态,"参数设置"指示灯熄时控制器参数被保护,防止误操作修改。

3."参数选择"按钮

"参数选择"按钮用于选择需要检查与修改的参数,共有 7 个参数,即开关时间、频率差允许值、电压差允许值、均压脉冲周期、均压脉冲宽度、均频脉冲周期、均频脉冲宽度。以上 7 个参数会循环出现,以供检查或修改。

4."下三角▼"按钮

"下三角▼"按钮在"参数设置"状态作为"参数减"按钮,否则作为"显示画面切换"按钮。

5."上三角▲"按钮

"上三角▲"按钮在"参数设置"状态作为"参数增"按钮,否则作为"显示画面切换"按钮。

6."复位"按钮

该按钮用于使计算机复位。

3.5.2.5　显示画面说明

画面 1:发电机频率,49.9 Hz;发电机电压:103.0 V;
　　　　系统频率,50.00 Hz;系统电压:100.0 V。

画面 2:频率差(发电机频率小于系统频率时为负),电压差(发电机电压小于系统电压时为负)。

　　　　实际频率差:−0.10 Hz;实际电压差:3.0 V;

　　　　允许频率差:0.30 Hz;允许电压差:5.0 V。

画面 3:　　　　1 1 1 1　　　　　　　　1 1 1 1

　　　　相角差整定电压(V)　　　电压差整定电压(V)

画面 4:以十六进制显示(见表 3-2)。

表 3-2　　　　　　　　　　　　　画面 4 的显示内容

开入 1H	开入 1L	开入 2H	开入 2L	开出 1H	开出 1L	开出 2H	开出 2L
按钮 H	按钮 L	P2DH	P2DL	BZ1H	BZ1L	BZ2H	BZ2L

3.5.2.6　测试孔

测试孔共有 6 个(含 1 个参考地),即"发电机电压"测试孔、"系统电压"测试孔、"变频脉冲"测试孔、"三角波"测试孔、"合闸电平"测试孔和"参考地"测试孔,用于观察信号波形。各测试孔的用途如下:

(1)脉动电压的检测与波形观察:用交流电压表跨接于"发电机电压"测试孔与"系统电压"测试孔之间,可以检查脉动电压的幅值变化情况(表示为电压表指示的变化);用示波器跨接于电压表两端,可观察脉动电压的波形。

(2)变频脉冲的检测与波形观察:用 5 V 直流电压表跨接于"变频脉冲"测试孔与"参考地"测试孔之间,可检测到变频脉冲的变化情况(表示为电压表指示的变化);用示波器跨接于电压表两端,可观察变频脉冲的波形。

(3)三角波的检测与波形观察:用5 V直流电压表跨接于"三角波"测试孔与"参考地"测试孔之间,可检测到三角波瞬时值的变化情况;用示波器跨接于电压表两端,可观察三角波的波形。

(4)越前角和越前时间测定:用双踪示波器同时观察三角波和合闸脉冲的波形,可以观察到合闸信号的发出时刻对应的二角波的位置,即可检测出越前角和越前时间。

3.5.2.7 电源开关

电源开关用于准同期控制器的开和关。

3.5.2.8 通信接口

通信接口用于与上位机通信,实现监控功能。

3.5.3 自动准同期并列操作

当实验台"操作面板"上的"同期方式"选择开关切换到"全自动"位置时,微机准同期装置按"全自动"方式工作。这时只要按一下"同期命令"按钮,则均压、均频、合闸等操作全由准同期控制器完成。

实验时,先通过"操作面板"上的"同期开关时间"来整定模拟断路器的时间,即发电机开关的合闸时间,然后根据整定值整定同期控制器的越前时间,再实际测定发电机开关的实际动作时间,最后按测定的实际动作时间修正越前时间。要注意观察控制器均频过程及合闸冲击电流的大小。调节机组转速大于、小于系统同步转速,调节发电机电压大于、小于系统电压,以及不同频率差和电压幅值差,观察均压、均频过程。

3.5.4 半自动准同期并列操作

当实验台"操作面板"上的"同期方式"选择开关切换到"半自动"位置时,微机准同期装置按"半自动"方式工作。此时,准同期控制器通过指示灯的亮熄指示实验人员进行均压、均频操作,或通过显示器显示的发电机开关两侧的频率和电压,或者频率差、电压差的大小及其方向,由实验人员判断进行均压、均频操作。

当合闸条件满足时,准同期控制器发出"合闸"命令,实现同步发电机的同期并列操作。

3.5.5 手动准同期并列操作

当发电机的频率接近50 Hz且发电机开关两侧的电压接近相等的前提下,将"操作面板"上的"同期方式"选择开关切换到"手动"方式,此时发电机开关两侧的电压施加到"同期表"上。若并列条件不完全满足,"同期表"中反映两侧电压差的右侧电压表,反映两侧频率差的左侧频率表,便会有偏转,而正中位置反映两侧电压相角差瞬时值的转差值指针也会旋转起来。

在两侧电压相序相同的前提下,准同期并列的条件为并列开关两侧电压大小相等、频率相同、开关合闸瞬间两侧电压相角差为零,通过调整发电机的电压和频率来满足准同期并列条件。

"同期表"中反映两侧电压差的电压表,若为"+"值,则表示发电机的电压高于系统的电压；若为"－"值，则表示发电机的电压低于系统的电压。可以调节发电机的励磁来改变发电机的电压或者调整无穷大电源调压器来改变系统的电压，使两侧电压差接近于零值。

"同期表"中反映两侧频率差的频率表，若为"＋"值，此时，反映两侧电压相角差瞬时值的指针会顺时针旋转，表示发电机的频率高于系统的频率；若为"－"值，反映两侧电压相角差瞬时值的指针会逆时针旋转，表示发电机的频率低于系统的频率。若要使两侧频率达到相同，只有调节原动机的转速来实现。

当满足准同期并列条件时，按下"发电机开关"的"红色按钮"，则"红色按钮"的指示灯亮，"绿色按钮"的指示灯灭，表示同步发电机已并入系统。

应该特别指出的是，从按下"发电机开关"的"红色按钮"（发出"合闸"命令）到发电机并列开关的触头接通，有一个小的时间间隔（约 30 ms）。准同期并列要求并列开关触头接通的瞬间，两侧电压相角差的瞬时值为零（即"同期表"的转差指针在中间位置），即合闸角为零。因此，通常要使两侧电压的频率有很小的差，使转差指针缓慢转动（通常让发电机的频率略高，指针顺时针旋转）。这样，必须在指针趋向零值而未到零值之前按下按钮，这个提前角度称为准同期并列的"合闸导前角"。合闸导前角不仅与频率差的大小有关，还与开关动作时间有关。若合闸导前角在操作时掌握不好，合闸角将不为零，则并列时将会产生冲击（可以从发电机的有功功率表、无功功率表、电流表、电压表等的摆动中看到）。

3.6　同步发电机的解列与停机

3.6.1　同步发电机的解列操作

同步发电机的解列操作步骤与开机操作步骤互为逆过程。首先调节发电机的励磁和原动机的功率，使发电机输出的有功功率和无功功率为零（或电流表为零）；然后按下"发电机开关"的"绿色按钮"，则"绿色按钮"的指示灯亮，"红色按钮"的指示灯灭，表示发电机并列开关已断开，发电机已与系统解列。

3.6.2　同步发电机的灭磁操作

发电机与系统解列后，应检查发电机的励磁在此实验中采用的是哪种方式。

如果采用的是"手动励磁"方式，则应将"手动励磁"旋钮逆时针旋至最小，然后按下"励磁开关"的"绿色按钮"，此时"绿色按钮"的指示灯亮，"红色按钮"的指示灯灭，表示发电机的励磁开关已断开，实现了发电机的灭励磁操作。

如果励磁采用的是"他励"或者"自并励"的微机自动励磁方式，则有以下三种灭磁方式可供选择：

3.6.2.1　手动逆变灭磁

手动按下"微机励磁调节器"上的"灭磁"按钮，则可控硅整流装置工作在逆变状态，发电机转子实行逆变灭磁，"灭磁"指示灯熄灭，此时逆变灭磁完成；然后按下"操作面板"上"励磁开关"的"绿色按钮"，断开发电机的励磁回路，为下一次开机做准备。

3.6.2.2 自动低频逆变灭磁

停机前不操作发电机励磁系统的任何按钮,当发电机的频率降至 43 Hz 以下时,微机励磁调节器会自动执行低频灭磁功能,实现自动逆变灭磁,此时可以跳开发电机的励磁开关。

3.6.2.3 手动跳励磁开关灭磁

直接按下"操作面板"上"励磁开关"的"绿色按钮",此时"绿色按钮"的指示灯亮,表示发电机的励磁开关已断开发电机的励磁绕组,通过灭磁电阻进行灭磁。

3.6.3 同步发电机的停机操作

发电机组在停机前,应检查微机调速装置在此次实验中采用的是哪种开机方式。开机方式共有"模拟方式""微机手动方式""微机自动方式"三种可供选择。

3.6.3.1 模拟方式

在"模拟方式"下,应在"模拟调节"单元逆时针缓慢旋转指针电位器,使其指针为零,同时可观测到"原动机电压"表的直流电压下降直至为零,待机组停止以后,按下"操作面板"上"原动机开关"的"绿色按钮"。此时"绿色按钮"的指示灯亮,"红色按钮"的指示灯灭,表示原动机的动力开关已断开,同时冷却风扇停止工作,功率角指示器频闪灯灭。

3.6.3.2 微机方式

在"微机手动方式"或者"微机自动方式"下,松开"开机/停机"按钮即为"停机"状态。此时,"开机"指示灯灭,"停机"指示灯亮,发电机减速,逐渐停止转动。然后跳开"原动机开关"以及"冷却风扇"和"功率角指示器频闪灯"电源开关,为下一次开机做准备。

3.7 模拟输电线路

在实际的电力系统中,远距离输电往往采用双回路输电线路,并设中间开关站来提高暂态稳定性。在本实验装置中,输电线路按双回路来模拟,并将每回线路分成两段,且设置了中间开关站。双回输电线路的接线示意图如图 3-4 所示。

线路 XL_1、XL_2 的电抗参数设定为 20 Ω,线路 XL_3、XL_4 的电抗参数设定为 40 Ω;短路点的 N 相对发电机中性点的电抗为 8 Ω;短路点的 N 相对无穷大电源的中性点的电抗为 12 Ω。

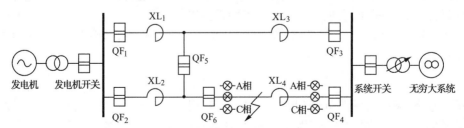

图 3-4 双回输电线路的接线示意图

在进行暂态稳定实验时,若在输电线路 XL_4 上发生短路故障,继电保护要将线路XL_4切除,即跳开线路开关 QF_4、QF_6。此开关为分相操作开关,圆形的红色指示灯分别代表 QF_4、QF_6 的 A 相、B 相、C 相的三个单相开关状态。为后面叙述方便,称该线路为"可控线路",其他线路仅能用手动进行操作,称为"不可控线路"。

3.7.1 "不可控线路"的操作

此线路由两端开关 QF_1 和 QF_3 来接入系统,按下开关 QF_1 的"红色按钮","红色按钮"的指示灯亮,"绿色按钮"的指示灯灭,表示开关 QF_1 已投入;按下开关 QF_3 的"红色按钮","红色按钮"的指示灯亮,"绿色按钮"的指示灯灭,表示开关 QF_3 已投入。至此,"不可控线路"便接入无穷大系统母线和发电机端线之间。

线路的切除操作与投入操作相似,只是按下的是两端开关 QF_1 和 QF_3 的"绿色按钮",其指示灯的亮灭与投入操作相反。

3.7.2 "可控线路"的操作

在"可控线路"上预设有短路点并装设有"微机保护装置",可控制开关 QF_4、QF_6 的跳合,对"可控线路"实现过流保护,并具备重合闸功能。因此,为了实现非全相运行和按相切除,可对开关 QF_4、QF_6 进行操作,对"绿色按钮"进行操作可将开关跳闸,对"红色按钮"进行操作可将开关合闸。

与"不可控线路"的投入操作相似,分别对开关 QF_4、QF_6、QF_2 的"红色按钮"进行操作,使这三个开关投入,即可以完成将"可控线路"全线接入系统。指示灯的亮灭与"不可控线路"略有不同。QF_4 和 QF_6 投入后,其"红色按钮"的指示灯不亮,但两端表示各相工作的圆形指示灯亮;QF_2 投入后,其"红色按钮"的指示灯亮,"绿色按钮"的指示灯灭。

3.7.3 中间开关站的操作

中间开关站是为了提高电力系统的暂态稳定性而设计的。当没有中间开关站时,如果双回路中有一回路发生严重故障,则整条线路将被切除,线路总阻抗将增大一倍,这对暂态稳定是很不利的。

如果设置中间开关站,即通过开关 QF_5 的投入将双回线路在由发电机端算起全长的 1/3 处并联起来,则将 QF_2 切除,线路总阻抗只增大 1/3;如果在线路 XL_4 段发生短路,保护将 QF_4 和 QF_6 切除,线路总阻抗也只增大 2/3。与无中间开关站相比,这将提高系统的暂态稳定性。

中间开关站的设置和退出,是通过对 QF_5 的相应投、切操作来完成的。对开关 QF_5 的投、切操作及指示灯的变化,与前面许多按钮操作的开关投、切操作的叙述类似,这里就不再重复了。

3.8 微机线路保护的整定

3.8.1 微机保护装置

微机保护装置的主要特点是：

（1）采用高性能的 80C196 为主体，具有很好的稳定性和极高的可靠性。

（2）数码管可显示各种信息。

（3）具有完善的事故分析功能，包括保护动作事件记录、事件顺序记录和保护投退—装置运行—开入记录。

（4）保护装置整定值可进行浏览和修改。

（5）装置自身具有良好的自诊断功能。

（6）具有过流选相跳闸、自动重合闸功能。

3.8.2 微机保护装置的操作面板

YHB-Ⅲ型微机保护装置的操作面板示意图如图 3-5 所示。

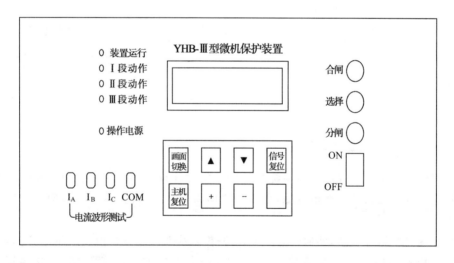

图 3-5 YHB-Ⅲ型微机保护装置的操作面板示意图

（1）面板正中上层为数据信息显示屏区域。

（2）面板左上角为信号指示灯区域。

（3）面板左下角为电流波形测试区域。

（4）面板右上角为手动跳、合闸操作区域。

（5）面板右下角为装置电源开关。

（6）面板正中下层区域为保护装置进行人机对话的键盘输入区。

3.8.3 微机保护装置的整定值设置

本装置有两种定值类型:投退型(或开关型)和数值型。定值表中(或定值显示)为ON/OFF的是保护功能投入/退出控制字,设为 ON 时开放本段保护,设为 OFF 时退出本段保护。

整定时不使用的保护功能应将其投入/退出控制字设置为"退出";采用的保护功能应将其投入/退出控制字设置为"投入",同时按照系统的实际情况,对相关电流、电压及时限定值认真整定。

本装置中与整定值有关的显示画面有两种类型:整定值浏览和整定值修改。

在"整定值浏览"显示画面,只能够通过使用触摸按键"▲""▼"观看整定值的设置情况,不能够对其进行修改。在输入的密码正确的情况下可进入"整定值修改"显示画面,这时的整定值是可以进行修改的。进入"整定值修改"显示画面的方法是:多次按压"画面切换"触摸按钮直到出现"输入密码"画面(当显示选择为"数码管"时,要等到出现显示[PA-]画面),再通过按压触摸按键"+"或"-"输入密码,待密码输入好后按压触摸按键"▼"。这时,如果输入的密码正确,就可进入"整定值修改"显示画面,否则将不能够进入。当同时按下"+"和"-"键时,可恢复为出厂默认值。

进入"整定值修改"显示画面的简捷方法是:同时按压触摸按键"▲"和"▼"。在进入"整定值修改"显示画面之后,通过按压触摸按键"▲"和"▼"可选择不同的整定项目。对于投退型(或开关型)整定值,通过按压触摸按键"+"可在投入与退出之间进行切换;对于数值型整定值,通过按压触摸按键"+"和"-"可对其数据大小进行修改。当整定值修改完成之后,按压"画面切换"触摸按键进入"整定值修改保存询问"画面,这时,显示画面的内容为"y n-"。若选择按压触摸按键"+",则表示保存修改后的整定值;若选择按压触摸按键"-",则表示本装置放弃保存当前修改的整定值,仍使用上次设置的整定值参数。

本装置还具有保存整定值参数和低电压复位的功能。

3.8.4 微机保护装置整定值的修改与注意事项

微机保护装置整定值的修改比较简单:方法之一是通过"画面切换"按键进入"整定值修改"显示画面,在输入正确的密码后就可改变整定值的大小或性质;方法之二是通过同时按压触摸按键"▲"和"▼"进入"整定值修改"显示画面,再通过按压"▲"或"▼"键到达准备修改的显示参数,然后按压"+"或"-"键进行修改。例如,要修改重合闸动作时间为1.5 s,可依下面的步骤进行:

(1)同时按压触摸按键"▲"和"▼"直接进入"整定值修改"显示画面,这时显示画面为"01-×××"(×××为过流保护动作时间)。

(2)按压触摸按键"▼",使显示画面为"02-×××"(×××为上次设置的重合闸延时时间)。

(3)按压触摸按键"+"或"-",使显示画面中的×××为 1.5 s。

(4)按压触摸按键"画面切换",这时显示画面应为"y n-"(它提醒操作人员:若选择按压触摸按键"＋"，则表示可保存已经修改了的整定值；若选择按压触摸按键"－"，则表示放弃当前对整定值参数进行的修改，继续使用上次设置的整定值）。

（5）按压触摸按键"＋"，保存对整定值参数所做的修改。不管所选择的按键是"＋"还是"－"，按键后的显示画面应为正常显示的第一个画面。

（6）整定值修改完成之后，可通过"整定值浏览"画面观察修改后的参数设置情况。

3.9　短路故障的模拟

3.9.1　故障类型的选择与操作

短路类型共有单相接地、两相短路、两相短路接地和三相短路四种。通过"操作面板"上与模拟接线图结合在一起的四个分别名为"A 相""B 相""C 相""N 相"的自锁按钮分别操作四个开关，使其接通或断开，便可组合出上述四种短路类型来。

这四个自锁按钮的特点是：按下按钮，按钮自锁，其"红色按钮"的指示灯亮，代表对应的开关被投入；再按一下按钮，使其弹起复位且指示灯灭，表示对应的开关被断开。也就是说，自锁按钮的按动可以产生两个控制动作。

3.9.2　短路发生的操作

发生短路是在调整好实验电力系统的运行状态以后才出现的，因此，此项操作也是在调整好电力系统进行短路实验所要求的运行状态（例如，发电机输出的有功功率、无功功率、电压、无穷大系统电压等）后才做的。

"短路"按钮是一个自复位按钮，当按下"短路"按钮时，表示"短路"开关投入，即发生短路故障（在短路类型选择已完成的前提下）。短路故障发生后，启动"短路时间"继电器，达到整定时间后将自动切除故障。故在按下"短路"按钮之前一定要整定好"短路时间"，看清楚"sec（秒）"和"min（分）"的选择以及对应的"×1"和"×10"的选择，并将微机线路保护装置整定好。

第4章 电力系统微机监控实验系统

电力系统微机监控实验系统是建立在电力系统综合实验平台的基础之上,将多个实验平台连接成一个大的电力系统,实现电力系统的"四遥"功能。它能够反映现代电能生产、传输、分配和使用的全过程,充分体现现代电力系统高度自动化、信息化、数字化的特点,实现电力系统的检测、控制、监视、保护、调度的自动化。电力系统微机监控实验系统由计算机、实验操作台、无穷大系统三大部分组成。

4.1 一次系统的构成

开放式多机电力网综合实验系统由5台相当于实际电力系统中发电厂的"电力系统综合自动化实验台"、1台相当于实际电力系统调度通信局的"电力系统微机监控实验台"、6条不同长短的输电线路和3组可改变功率大小的负荷等组成。整个一次系统构成一个可变的多机环形电力网络,便于进行理论计算和实验分析。

4.1.1 电力系统综合自动化实验台的特点

电力系统综合自动化实验台是一个自动化程度很高的多功能实验平台,它由发电机组、双回路输电线路、无穷大电源等一次设备组成,通过中间开关站和单回、双回线路的组合,可使发电机与无穷大系统之间有四种不同的联络阻抗,供系统进行实验分析和比较时使用。每台原动机都配有自动调速装置,并具有过速保护功能;每台发电机不仅配有自动励磁调节器,具有调差、强励、过励限制等功能,还配有自动准同期装置;输电线路还配有微机过流保护和重合闸装置。每套自动装置都有三种控制方式供选择,并且微机励磁的运行方式和运行参数可在线修改。

4.1.2 电力网的构成

电力系统微机监控实验台是将5台电力系统综合自动化实验台的发电机组及其控制设备作为各个电源单元组成一个环网。电力网的一次系统接线如图4-1所示。图中,G-A、G-B、G-C、G-D、G-E分别模拟5个发电厂,从5台发电机的母线引电缆分别连接到电力网的母线 MA、MB、MC、MD、ME 上,模拟无穷大系统 W-G 则由 380 V 交流电压经

20 kVA自耦调压器接至母线 MG 上,三组感性负荷分别连接至母线 MC、MD 上,而母线 MD 经联络变压器与线路中间站母线 MF 相连,整个一次系统构成一个可变结构的电力系统网络。

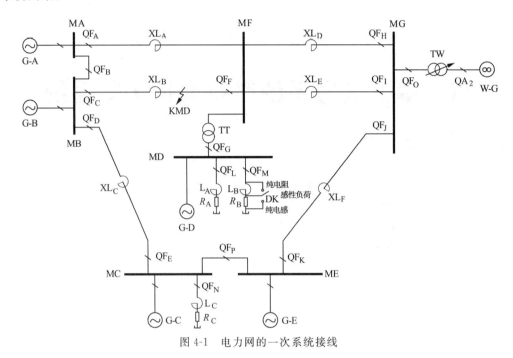

图 4-1　电力网的一次系统接线

4.1.3　电力网的结构特点

此电力系统主网按 500 kV 电压等级来模拟,母线 MD 为 220 kV 电压等级,每台发电机按 600 MW 机组来模拟,无穷大系统短路容量为 6000 MVA。

G-A、G-B 相连,并通过 400 km 双回线路将功率送入无穷大系统。在距离 G-A 100 km 的中间站的母线 MF 经联络变压器与 220 kV 母线 MD 相连,G-D 在轻负荷时向系统输送功率,重负荷(A、B 负荷同时投入时为重负荷)时从系统吸收功率,从而使得潮流方向得以改变。G-C 设有地方负荷,一方面经 70 km 短距离线路与 B 站相连,另一方面通过母线联络断路器与 G-E 相连。G-E 经 200 km 中距离线路与无穷大母线 MG 相连。

4.1.4　同步发电机的参数

同步发电机的参数见表 4-1。

表 4-1　　　　　　　　　　　　　　同步发电机的参数

序号	性能数据	设计值
1	三相交流同步发电机容量(kVA)	2.5
2	定子额定电压(V)	400
3	定子额定电流(A)	3.61

续表

序号	性能数据	设计值
4	功率因数 $\cos\varphi$	0.8
5	发电机转速（r/min）	1500
6	定子线圈电阻（75 ℃）（Ω/相）	3.224
7	磁极线圈电阻（75 ℃）（Ω）	22.37
8	定子线圈铜耗（75 ℃）（W）	135
9	磁极线圈铜耗（75 ℃）（W）	110
10	定子铁耗（W）	92
11	转子铁耗（W）	13.5
12	机械损耗（W）	74.5
13	附加损耗（W）	15
14	总损耗（W）	440
15	效率（%）	78
16	满载励磁电流（A）	2.5
17	满载励磁电压（V）	70
18	定子漏抗（标幺值）	0.0477
19	直轴同步电抗（标幺值）	1.5
20	横轴同步电抗（标幺值）	0.7057
21	直轴瞬时电抗（标幺值）	0.146
22	横轴瞬时电抗（标幺值）	0.7057
23	直轴次瞬时电抗（标幺值）	0.146
24	横轴次瞬时电抗（标幺值）	0.7

4.2　实验操作台和无穷大系统

实验操作台由输电线路单元、联络变压器和负荷单元、仪表测量单元、过流警告单元以及短路故障模拟单元组成。无穷大系统由 20 kVA 的自耦调压器构成，通过调整自耦调压器的电压可以改变无穷大母线的电压。

4.2.1　电源开关的操作

实验操作台的"操作面板"上有模拟接线图、操作按钮、指示灯和多功能电量表。操作按钮与模拟接线图中被操作的对象结合在一起，并用灯光颜色表示其工作状态，具有直观的效果。红色灯亮表示开关在合闸位置,绿色灯亮表示开关在分闸位置。

在实验操作台"操作面板"左上方有一个"操作电源",此开关向整个台体和计算机、打印机、多功能电量表提供电源,并给指示灯和 PLC 用的直流 24 V 稳压电源供电。

因此,在开始各部分操作之前,都必须先投入"操作电源"(向上扳至 ON),此时反映各开关位置的绿色指示灯均亮,同时 9 块多功能电量表上电。实验结束时,在其他操作都正确完成之后,必须断开"操作电源"(向下扳至 OFF)。

4.2.2 无穷大系统的操作

在本实验系统中是将 380 V 交流电压经 20 kVA 自耦调压器,通过监控台输电线路与实验用的同步发电机构成"单机—无穷大"或"多机—无穷大"的电力系统。

1.无穷大电源的投入操作

具体步骤参见 3.2.1 节,最后通过线路测量的多功能电量表观察系统电压是否为实验要求值。

2.无穷大电源的切除操作

具体操作参见 3.2.2 节。

4.2.3 输电线路与短路实验操作

在图 4-1 中,共有 6 条输电线路将 5 台发电机与无穷大系统相连。其中一条线路设有故障点,在进行暂态稳定实验时,在输电线路 XL_B 上发生短路故障,继电保护要将线路 XL_B 切除,即跳开线路开关 QF_C、QF_F。为后面叙述方便,称该线路为"可控线路",其他线路仅能用手动进行操作,称为"不可控线路"。

4.2.3.1 "不可控线路"的操作

线路 XL_A、XL_D、XL_E 分别由单开关 QF_A、QF_H、QF_I 控制,按下 QF_A 的"红色按钮","红色按钮"的指示灯亮,"绿色按钮"的指示灯灭,表示开关 QF_A 已投入,即母线 MA 与母线 MF 通过 XL_A 相连。线路 XL_D、XL_E 的投入与前面相类似。QF_B 是母线 MA 与母线 MB 之间的母联开关,合上母联开关时,要注意观察两母线是否存在同期问题。

线路 XL_C、XL_F 分别由两端开关 QF_D、QF_E、QF_J、QF_K 控制。即按上述操作将两端开关都合上以后,该线路才投入运行。QF_P 是母线 MC 与母线 ME 之间的母联开关,同理,此开关操作也要注意同期问题。

4.2.3.2 "可控线路"的操作

"可控线路"的常规操作与"不可控线路"的操作一样,只是在"可控线路"上预设有短路点并装有保护控制回路,可控制开关 QF_C、QF_F 的跳闸。当线路 XL_B 末端发生三相短路时,即按下红色的长方形"短路操作"按钮。保护装置通过延时后将开关 QF_C、QF_F 跳开,即切除故障线路,保护动作时间可以通过控制台后面的时间继电器整定。故在按下"短路操作"按钮之前一定要整定好保护动作时间,看清楚时间继电器"sec"(秒)和"min"(分)的选择以及对应的"×1"和"×10"的选择。一般将保护动作时间整定在 0.3 s 以内。

4.2.4　发电机的并列与解列

当无穷大电源投入,各线路开关均合上以后,母线 MA、MB、MC、ME 均得电。合上开关 QF$_G$,母线 MD 也得电。通过多功能电量表,可以观察到各母线上的电压。

"操作面板"上 5 台发电机的并列开关的红色按钮仅仅只是一个并列开关位置指示灯。当"电力系统综合自动化实验台"上的并列开关合上时,则监控实验台上开关显示合闸位置的红色指示灯亮;而"绿色按钮"被按下时,则跳开"电力系统综合自动化实验台"上的并列开关,并且显示跳闸位置的绿色指示灯亮、红色指示灯灭。

以上所述说明"电力系统微机监控实验台"对远方的发电机同期只能进行跳闸控制,不能进行并列控制,但能显示其开关位置信号。解列控制可以在现地进行,也可以在"电力系统微机监控实验台"上进行。

4.2.5　联络变压器和负荷的操作

若母线 MF 得电,则联络变压器带电。当合上开关 QF$_G$ 时,则母线 MF 上的电送至母线 MD,联络变压器的变比是可以改变的,从而使母线 MF 与母线 MD 成为两个不同电压等级的母线。

负荷 LD$_A$、LD$_B$ 在母线 MD 上,而负荷 LD$_C$ 在母线 MC 上。合上各自的开关,则将负荷投入各自的母线。当任何一组负荷投入运行时,则控制台左侧的两台送风风扇和右侧的两台抽风风扇将自动同时启动。

4.2.6　操作注意事项

(1)应该特别指出的是,必须在了解和掌握操作方法后,方可独立地进行电力系统的实验研究。

(2)多机电力系统的短路电流很大,线路保护的动作时间应很快,一般为 0.1～0.3 s。故用时间继电器进行整定时,要选择"sec"位置,量程选择为"×1"挡位,且故障时一定要检查时间继电器是否选择了正确的动作时间。

(3)当做多机系统联网实验时,所有"电力系统综合自动化实验台"上的无穷大开关以及线路开关均不能合上。对大系统而言,"电力系统综合自动化实验台"仅仅只是用其发电机组及其控制系统和同期操作设备。如果将该台上的无穷大开关和线路开关均合上,会造成两个无穷大系统短路。

(4)通过多功能电量表的电压栏观察三个线电压(U_{AB}、U_{BC}、U_{CA})和三个相电压(U_{AN}、U_{BN}、U_{CN})时,要弄清相电压或线电压的额定值,以免因过电压而烧损设备。

4.3　电力网的监测

4.3.1　测量系统的配置

微机监控实验台对电力网的 6 条输电线路、1 台联络变压器、2 组负荷全部采用了微机型的多功能电量表,可以现地显示各支路的所有电气量。电力网测量系统的接线如图 4-2 所示,图中标明了"同名端",即功率的方向。

监控台上共有 9 块多功能电量表,各块的功用如下:

第一块为"MC 负荷测量"多功能电量表,图中用符号"PZMC"表示,用于测量母线 MC 的电压和负荷 LD_C 的电量。

第二块为"XL_A 线路测量"多功能电量表,图中用符号"PZA"表示,下方对应"XL_A 过流"指示灯。

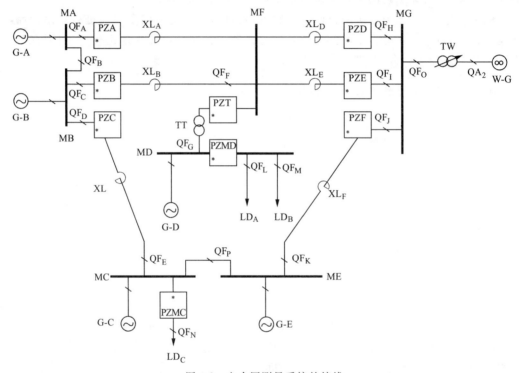

图 4-2　电力网测量系统的接线

第三块为"XL_B 线路测量"多功能电量表,图中用符号"PZB"表示,下方对应"XL_B 过流"指示灯。

第四块为"XL_C 线路测量"多功能电量表,图中用符号"PZC"表示,下方对应"XL_C 过流"指示灯。

第五块为"联络变压器测量"多功能电量表,图中用符号"PZT"表示,用于测量母线 MF 的电压和联络变压器向母线 MF 输送的功率。

第六块为"XL_D 线路测量"多功能电量表,图中用"PZD"符号表示,下方对应"XL_D 过流"指示灯。

第七块为"XL_E 线路测量"多功能电量表,图中用符号"PZE"表示,下方对应"XL_E 过流"指示灯。

第八块为"XL_F 线路测量"多功能电量表,图中用符号"PZF"表示,下方对应"XL_F 过流"指示灯。

第九块为"MD 负荷测量"多功能电量表,图中用符号"PZMD"表示,用于测量母线MD 的电压和负荷 LD_A、LD_B 的总电量。

在线路 XL_A 上,当功率从母线 MA 流向母线 MF 时,电量表 PZA 显示为"正",反之显示为"负"。若显示为"负",即功率从母线 MF 流向母线 MA。同理,可见"同名端"的方向是从发电机指向系统,即各台发电机均向系统输电时,所有线路上的电量表均显示为"正"。

在负荷测量中,电量表 PZMD 显示的是母线 MD 上的负荷,即负荷 LD_A 和 LD_B 的总和,此电量表永远显示为"正"。电量表 PZMC 显示的是母线 MC 上的负荷,即 LD_C,也显示为"正"。

在联络变压器测量中,电量表 PZT 显示的是流经变压器的电量。当功率从母线 MD 流向母线 MF 时,则电量表 PZT 显示为"正",反之显示为"负"。

当输电线路上的电流大于 5 A 时,则该线路测量用的多功能电量表下方的黄色过流指示灯亮;当该线路上的电流低于 5 A 时,则过流指示灯灭。

4.3.2 多功能电量表的性能

在微机监控实验台的台面部分有 9 块三相数字式多功能电量表,能够较为准确地反映监控实验台的基本电量参数。例如,三个相电压 U_{AN}、U_{BN}、U_{CN},三个线电压 U_{AB}、U_{BC}、U_{CA},三个相电流 I_A、I_B、I_C,有功功率 P,无功功率 Q,频率 F,等等。另外,它还集综合显示、需量测量于一体,既可以单独作为盘装电表使用,也可以作为电力监控系统的一部分,实现电量采集和越界报警等功能。其主要性能体现为:

(1)标准三相电压互感器(PT)、电流互感器(CT)输入,交流采样,适应各种接线方式。

(2)可进行 50 多种电量真有效值及最大值、最小值、平均值的测量。

(3)测量精度:电流/电压高于 0.2%,其他电量高于 0.4%。

(4)具有 3 行 LED 数码显示窗口,可实现多种电量实时显示。

(5)采用标准的 RS-485/422 通信接口及 MODBUS/DNP3.0 通信协议。

(6)各种参数均可通过前面板(密码保护)或软件设定。

4.3.3 多功能电量表的基本操作

三相多功能数字式电量表具有 3 行大屏幕 LED 数码显示窗口:第一行显示 6 种电压参数,中间行显示 4 种电流参数,第三行显示 7 种电量参数(3 行共 17 种电量参数),如表 4-2 所示。需要显示的电量参数可以通过仪表前面板上的按键开关设置,如图 4-3 所示。

表 4-2　　　　　　　　多功能电量表窗口显示的参数

电压	电流	电量	
A-N	A	±kW	有功功率
B-N	B	±kVAR	无功功率
C-N	C	kVA	视在功率

续表

电压	电流	电量	
A-B	N	±PF	功率因数
B-C		FREQ	周波
C-A		±kWH	有功电能
		±kVARH	无功电能

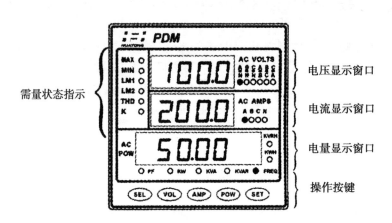

图 4-3　前面板的显示窗口及按键

4.3.3.1　电压参数的显示

多功能电量表可以实时显示 6 种电压参数(线电压 U_{AB}、U_{BC}、U_{CA} 及相电压 U_{AN}、U_{BN}、U_{CN})。其选择显示参数的操作步骤如下:

步骤 1:按下"电压"键,此时仪表的所有显示数值瞬时消失,电压的 6 只 LED 指示灯亮。

步骤 2:按下"设置"键,选择下一组电压,此时仪表显示的不同电压数值通过依次按"设置"键来循环显示。

4.3.3.2　电流参数的显示

多功能电量表可以实时显示 4 种电流参数(A、B、C 相电流 I_A、I_B、I_C 及零序电流 I_N)。其选择显示参数的操作步骤如下:

步骤 1:按下"电流"键,此时仪表的所有显示数值瞬时消失,电流的 4 只 LED 指示灯亮。

步骤 2:按下"设置"键,选择下一组电流,此时仪表显示的不同电流数值通过依次按"设置"键来循环显示。

4.3.3.3　电量参数的显示

多功能电量表可以实时显示 7 种电量参数(kW、kVAR、kVA、PF、FREQ、kWH、kVARH)。其选择显示参数的操作步骤如下:

步骤 1:按下"电量"键,此时仪表的所有显示数值瞬时消失,电量的 7 只 LED 指示灯亮。

步骤 2:按下"设置"键,选择下一组电量,此时仪表显示的不同电量数值通过依次按"设置"键来循环显示。

4.4 微机监控系统

4.4.1 监控系统的配置

多机电力网综合实验系统中的计算机监控系统是多目标、多参数、多功能的实时系统,为了使监控系统具有良好的开放性,并考虑实验系统的具体情况,采用了分层分布式系统配置。监控系统的结构如图4-4所示。

上位机和现地控制单元(LCU)之间采用 RS-485 通信网络结构,并且通过通信网络与各开关站的智能仪表、控制执行单元(PLC)相连,可通过局域网与远方调度通信。

监控管理上位机采用抗干扰性强的工业控制计算机;各电站的 LCU 采用具有监控功能的微机励磁系统对机组完成现地监控;各开关站的电量监测采用具有数据处理功能的智能仪表对线路、负荷完成现地监测,并通过高可靠性的 PLC 对各开关进行监控和负荷调节,且具有过载报警功能。

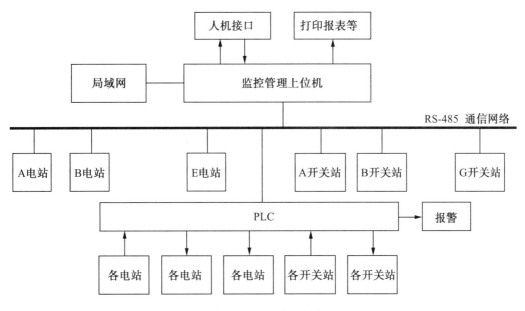

图 4-4 监控系统的结构

4.4.2 监控软件简介

该软件采用 Microsoft Visual Basic 6.0 在 Windows 2000 平台下进行程序设计。程序的主流程如图4-5所示。

监控软件中可以显示 6 条线路、2 组负荷、1 组联络变压器和 4 台发电机的状态和电压、电流等基本电量,可以对各组开关进行跳(合)闸控制,可以进行发电机的增、减速控制及励磁控制等,还可以保存各种实验数据、打印数据表格和潮流分布图等。

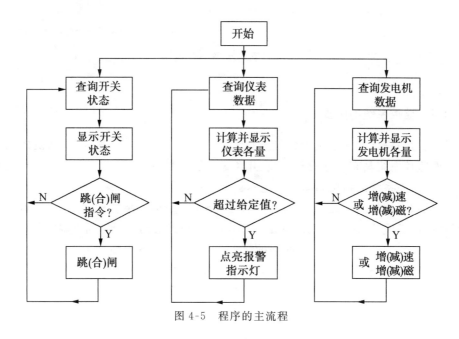

图 4-5　程序的主流程

4.4.3　主界面操作

双击桌面上的图标![] 运行程序,软件即进入电力系统微机监控实验台主界面,如图 4-6所示。

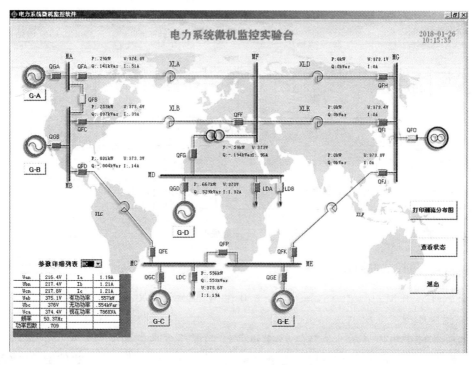

图 4-6　电力系统微机监控实验台主界面

主界面中各个按钮的颜色和监控台面板的开关状态相对应,红色 ▇ 表示"合闸"状态,绿色 ▇ 表示"跳闸"状态。在"合闸"状态单击线路或负荷的"开关"按钮,将会弹出一个如图 4-7(a)所示的对话框;在"跳闸"状态单击"开关"按钮,则会弹出一个如图 4-7(b)所示的对话框。

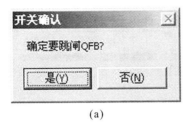
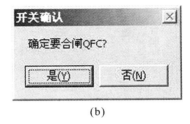

图 4-7 线路或负荷的"开关"按钮对话框

在图 4-7(a)中选择"是(Y)",则进行 QF_B 跳闸操作;选择"否(N)",则不进行任何操作,返回主界面。

在图 4-7(b)中选择"是(Y)",则进行 QF_C 合闸操作;选择"否(N)",则不进行任何操作,返回主界面。

同样地,5 台发电机的运行状态也用红色和绿色进行表示。当发电机没有并网时,显示为绿色;进行并网工作时,显示为红色。

在"合闸"状态单击"开关"按钮 QG_A、QG_B、QG_C、QG_D、QG_E 时,将会弹出一个如图 4-8(a)所示的对话框。

与线路开关类似,选择"是(Y)",则进行跳闸操作。在"跳闸"状态单击上述按钮,则会弹出一个如图 4-8(b)所示的对话框,单击"确定"按钮返回。这表示发电机要并入电网时必须进行同期检测,既可以通过微机准同期控制器进行自动或手动同期操作,也可以通过同期表进行手动同期合闸操作。

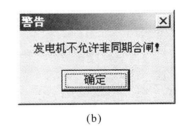

图 4-8 发电机的"跳(合)闸"对话框

9 块仪表的主要测量电量为电压、电流、有功功率、无功功率。它们分别显示在主界面所测对象上,与测量对象一一对应。其他电量在界面左下角的表格内进行显示,实验者可根据实验需要选择下拉列表中相应的线路(负荷),则该线路(负荷)的所有测量电量都会显示在该表格内。

如图 4-9(a)所示,若选择了线路 XL_D,则该线路的详细电量就会显示在下方的表格内,如图 4-9(b)所示。

参数详细列表 XLD

Uan	212.1V	Ia	.108A
Ubn	211.5V	Ib	.094A
Ucn	211.8V	Ic	.088A
Uab	366V	有功功率	.043kW
Ubc	367.1V	无功功率	.049kVar
Uca	368V	视在功率	.066KVA
频率	50.1Hz		
功率因数	.661		

(a)　　　　　　　　　　　　　　(b)

图 4-9　测量对象选择对话框

当线路上的电流超过上限值（出厂设定为 5 A）时，主控台相应线路的"过流报警"指示灯将被点亮，主界面中该线路也将显示为红色，直到电流恢复到正常值时报警指示灯熄灭，线路颜色也恢复正常。

单击界面右边的"打印潮流分布图"按钮可以打印当前的潮流分布图，如果该按钮为不可点击状态，说明计算机与下位机的通信失败，此时不能打印潮流分布图。主界面右边的"查看状态"按钮的功能是保存当前时间、监控台的开关状态和 9 块仪表的所有测量数据到数据库，并进行显示。单击该按钮后可进入如图 4-10 所示的界面。

主控台开关状态

时间	QFA	QFB	QFC	QFD	QFE	QFF	QFG	QFH	QFI	QFJ	QFK	LDA	LDB	LDC	QFO	QFP	QGA	QGB	QGC	QGD	QGE
2018-01-22 09:46:02	OFF	OFF	OFF	OFF	OFF	OFF	OFF	OFF	OFF	OFF	OFF	OFF	OFF	OFF	OFF	OFF	OFF	OFF	OFF	OFF	OFF
2018-01-22 09:45:51	OFF	OFF	OFF	OFF	OFF	OFF	OFF	OFF	OFF	OFF	OFF	OFF	OFF	OFF	OFF	OFF	OFF	OFF	OFF	OFF	OFF
2017-12-09 14:53:45	ON	OFF	ON	ON	ON	OFF	ON	ON	ON	ON	ON	ON	ON	ON	OFF	ON	ON	ON	OFF	OFF	ON
2017-11-25 09:19:01	ON	OFF	ON	ON	ON	OFF	ON	ON	ON	ON	ON	ON	ON	ON	OFF	ON	ON	ON	OFF	OFF	ON
2017-10-14 15:04:13	OFF	OFF	OFF	OFF	OFF	OFF	OFF	OFF	OFF	OFF	OFF	OFF	OFF	OFF	OFF	OFF	OFF	OFF	OFF	OFF	OFF
2017-10-14 10:55:05	OFF	ON	ON	ON	ON	OFF	ON	ON	ON	ON	ON	ON	ON	ON	OFF	ON	ON	ON	OFF	OFF	ON
2017-05-14 08:44:45	ON	ON	ON	ON	OFF	ON	ON	ON	ON	OFF	OFF	OFF	OFF	OFF	ON	OFF	ON	OFF	OFF	ON	OFF
2017-05-07 10:01:00	OFF	ON	ON	ON	OFF	OFF	OFF	OFF	OFF	OFF	OFF	OFF	OFF	OFF	ON	OFF	OFF	OFF	OFF	OFF	OFF
2017-05-07 08:52:37	ON	ON	ON	ON	ON	OFF	ON	ON	ON	OFF	ON	ON	ON	ON	ON	ON	ON	ON	OFF	OFF	ON
2017-04-28 08:57:24	ON	ON	ON	ON	ON	OFF	ON	ON	ON	OFF	ON	ON	ON	ON	ON	ON	ON	ON	OFF	OFF	OFF

2017-10-14 10:55:05　　　　　　　　　　　　生成报表

类型	Uan(V)	Ubn(V)	Ucn(V)	Uab(V)	Ubc(V)	Uca(V)	Ia(A)	Ib(A)	Ic(A)	P(KW)	Q(Kvar)	P1(VA)	f(Hz)	COS
XLA	208.88	210.02	209.10	363.16	363.14	361.26	0.00	0.00	0.00	0.000	0.000	0.000	49.97	0.00
XLB	208.62	209.30	208.80	362.20	362.12	361.04	0.32	0.31	0.23	-0.173	-0.020	0.174	49.97	-0.99
XLC	208.60	209.16	208.66	362.02	361.98	360.84	0.30	0.30	0.23	0.167	0.009	0.167	49.97	1.00
XLD	208.92	210.08	209.16	363.18	363.44	361.22	0.00	0.00	0.00	0.000	0.000	0.000	49.97	0.00
XLE	214.64	214.86	214.06	372.38	371.14	370.98	0.56	0.50	0.57	-0.253	-0.238	0.347	49.97	-0.73
XLF	214.70	214.76	213.96	372.32	371.04	370.90	1.05	0.96	1.00	-0.516	-0.381	0.641	49.97	-0.80
MC	208.58	208.62	208.60	361.42	361.32	360.96	1.17	1.18	1.18	0.547	0.487	0.732	49.97	0.75
MD	2.14	0.00	0.00	0.00	0.00	0.00	0.00	0.00	0.00	0.000	0.000	0.000	49.95	0.00
TT	208.84	209.90	209.06	362.92	363.14	361.16	0.43	0.26	0.41	-0.075	-0.207	0.220	49.97	-0.34

图 4-10　查看状态界面

图 4-10 所示界面上方的表格从上到下显示的是按时间降序排列的主控台开关状态的记录。单击某一行，则该行时刻对应的 9 个仪表的数据将显示在界面下方的表格中，此时单击"生成报表"按钮，这个时刻的数据将会自动转换到 Microsoft Excel 电子表格中，如图 4-11 所示。实验者可以根据需要在 Excel 中进行编辑存盘，也可直接在 Excel 中进行打印。

电力系统综合实验台数据记录

记录时间：2017-10-14 10:55:05

线路开关

QFA	QFB	QFC	QFD	QFE	QFF	QFG	QFH	QFI	QFJ	QFK	QFO	QFP
OFF	OFF	ON	ON	ON	ON	ON	ON	ON	ON	ON	ON	ON

发电机开关

QGA	QGB	QGC	QGD	QGE	QGF	QGG
OFF	OFF	ON	OFF	OFF	OFF	OFF

负荷开关

LDA	LDB	LDC
OFF	OFF	ON

类型 \ 电量	Uan(V)	Ubn(V)	Ucn(V)	Uab(V)	Ubc(V)	Uca(V)	Ia(A)	Ib(A)	Ic(A)	P(KW)	Q(Kvar)	P1(VA)	f(Hz)	COSΦ
线路A(XLA)	208.88	210.02	209.1	363.16	363.14	361.26	0	0	0	0	0	0	49.97	0
线路B(XLB)	208.62	209.3	208.8	362.2	362.12	361.04	0.32	0.31	0.23	-0.173	-0.02	0.174	49.97	-0.99
线路C(XLC)	208.6	209.16	208.66	362.02	361.98	360.84	0.3	0.3	0.23	0.167	0.009	0.167	49.97	1
线路D(XLD)	208.92	210.08	209.16	363.18	363.44	361.22	0	0	0	0	0	0	49.97	0
线路E(XLE)	214.64	214.86	214.06	372.36	371.14	370.98	0.56	0.5	0.57	-0.253	-0.238	0.347	49.97	-0.73
线路F(XLF)	214.7	214.76	213.96	372.32	371.04	370.9	1.05	0.96	1	-0.516	-0.381	0.641	49.97	-0.8
负荷C(MC)	208.58	208.62	208.6	361.42	361.32	360.96	1.17	1.18	1.18	0.547	0.487	0.732	49.97	0.75
负荷D(MD)	2.14	0	0	0	0	0	0	0	0	0	0	0	49.95	0
联络变压器(TT)	208.84	209.9	209.06	362.92	363.14	361.16	0.43	0.26	0.41	-0.075	-0.207	0.22	49.97	-0.34

班 级：
实验人员：

图 4-11　Excel 报表界面

4.4.4　发电机界面操作

当发电机正常并网时，在主画面单击发电机图形下方的按钮，则进入发电机监控界面，如图 4-12 所示。

界面上对发电机及其励磁系统的工作状态、运行方式和各种基本电量进行了显示，实验者可以很清楚地监视发电机的运行状况。例如，从图 4-12 中我们可以知道，此时监控的是 G-B 发电机，发电机的转速为 1500 r/min，励磁方式为"自励"，工作在"恒压"方式，给定的电压为 380 V，以及其他一些基本量的数据情况。类似地，图 4-13 显示的则是发电机 G-D 的运行情况，和图 4-12 不同的是，它的励磁方式此时采用的是"他励"。

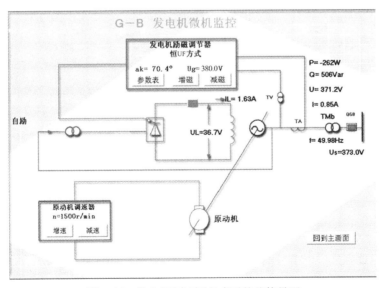

图 4-12　发电机"自励"方式下的监控界面

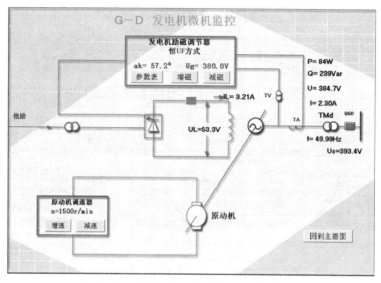

图 4-13　发电机"他励"方式下的监控界面

通过单击"最大化(还原)"按钮可以切换发电机监控画面的大小,以便于和监控台主界面互相配合,方便进行监视和跳合闸操作。

单击"增磁"或"减磁"按钮可以控制发电机励磁绕组的增、减磁。在发电机未并网时,对应的是控制发电机的机端电压;而在发电机并网后,控制的则是发电机输出的无功功率。每单击一次对应发电机的励磁绕组,则进行一次增(减)磁操作。不断单击相应的按钮,可以持续增(减)磁。

同样地,单击"增速"或"减速"按钮可以增加或减小原动机的电枢电流。在发电机未并网时,对应的是控制发电机的转速;而在发电机并网后,控制的则是发电机输出的有功功率。与励磁调节类似,每单击一次按钮,则发电机进行一次增(减)速操作。如果需持续增(减)速,则必须不断地单击"增(减)速"按钮,而不是点住按钮不放。

单击"参数表"按钮可以查看发电机励磁更详细的运行状态,如图 4-14 所示。

同样地,画面中也用红、绿色来表示各个运行状态,其中红色为有效。单击"打印参数表"按钮可以打印输出的发电机运行参数表格。单击"回到主界面"按钮可以返回到监控主界面。

Ug	380.0 V	Q	531 Var
Ub	374.7 V	Qg	531 Var
ak	71.2°	P	363 W
Us	376.5 V	UF	374.2 V
ILg	1.70 A	Ia	1.07 A
IL	1.70 A	Ib	1.02 A
UL	32.2 V	Ic	1.00 A
F	50.11 Hz	n	1503 r/min
励磁方式	他励	控制方式	恒UF方式

图 4-14　发电机励磁的运行状态

4.4.5 软件的使用

（1）当监控台没有工作电源或者通信错误时，所有开关将变为不可点击状态。

（2）只有当主界面发电机进入运行状态，即颜色变为红色时，才可以点击发电机下方的按钮进入该发电机的监控。当发电机没有运行，即颜色为绿色时，下方按钮被设置为不可点击状态，此时不能对发电机进行监控。

（3）进行发电机增、减速或励磁增、减磁控制时，只能对按钮进行若干次点击，直到达到所需状态为止。如果一直点住按钮不松开，则监控软件不会发送任何指令到发电机，发电机的状态也就不会发生改变。

（4）查看状态时，只在界面上方表格中选择了某个时刻，下方表格中才会出现该时刻的数据，"生成报表"按钮也才被设置为可点击状态；否则，下方表格保持为空，"生成报表"按钮也为不可点击状态。

第5章 同步发电机励磁控制实验

同步发电机的运行特性与其空载电动势的大小有关,而空载电动势的值是发电机励磁电流的函数,改变励磁电流就可能影响同步发电机在电力系统中的运行特性。因此,对同步发电机的励磁进行控制,是对发电机的运行实行控制的重要内容之一。在电力系统正常运行时,发电机励磁电流的变化主要影响电网的电压水平和并联机组间无功功率的分配。在某些故障情况下,发电机机端电压降低将导致电力系统的稳定水平下降。为此,当系统发生故障时,要求发电机迅速增大励磁电流,以维持电网的电压水平及稳定性。可见,同步发电机励磁的自动控制在保证电能质量、无功功率的合理分配和提高电力系统运行的可靠性方面都起着十分重要的作用。

5.1 同步发电机励磁系统的基本知识

5.1.1 同步发电机的励磁系统

同步发电机的励磁系统由励磁功率单元和励磁调节器两部分组成,它们和同步发电机结合在一起就构成了一个闭环反馈控制系统,称为"励磁控制系统"。励磁控制系统的三大基本任务是:稳定电压,合理分配无功功率和提高电力系统的稳定性。

实验用的励磁控制系统示意图如图 5-1 所示。可供选择的励磁方式有两种:自并励和他励。当三相全控桥的交流励磁电源取自发电机机端时,构成自并励励磁系统;而当交流励磁电源取自 380 V 市电时,构成他励励磁系统。两种励磁方式的可控整流桥均是由微机自动励磁调节器控制的,触发脉冲均为双脉冲,具有最大和最小控制角(α 角)限制。

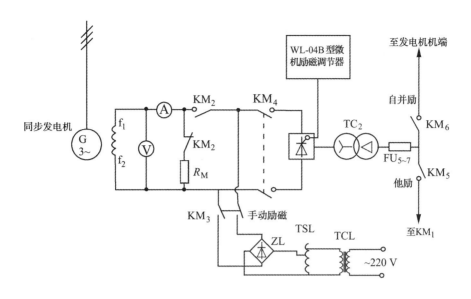

图 5-1 WL-04B 型微机励磁调节器的励磁控制系统示意图

5.1.2 同步发电机的励磁控制方式

微机励磁调节器的控制方式有四种:恒 U_F、恒 I_L、恒 Q 和恒 α。其中,"恒 α"方式是一种开环控制方式,只限于在"他励"方式下使用。

电力系统稳定器(PSS)是提高电力系统动态稳定性能的经济有效的方法之一,已成为励磁调节器的基本配置;励磁系统的强励,有助于提高电力系统的暂态稳定性;励磁限制器是保障励磁系统安全可靠运行的重要环节,常见的励磁限制器有过励限制器、欠励限制器等。

5.2 不同 α 角对应的励磁电压波形观测

5.2.1 实验目的

(1)加深理解同步发电机的励磁调节原理和励磁控制系统的基本任务。

(2)熟悉三相全控桥整流、逆变的工作波形;观察触发脉冲及其相位移动。

5.2.2 实验原理与说明

同步发电机并入电力系统之前,励磁调节装置能维持机端电压在给定水平。操作励磁调节器的"增磁"或"减磁"按钮,可以升高或降低发电机的电压;当发电机并网运行时,操作励磁调节器的"增磁"或"减磁"按钮,可以增大或减小发电机的无功功率输出,其机端电压按调差特性曲线变化。当发电机正常运行时,三相全控桥处于整流状态,控制角 $\alpha<$

90°；当正常停机或事故停机时，调节器使控制角 $\alpha>90°$，实现逆变灭磁。

5.2.3　实验内容与步骤

5.2.3.1　实验步骤

（1）合上操作电源开关，检查实验台上各开关的状态：各开关信号灯应绿灯亮、红灯熄。

（2）励磁系统选择"他励"励磁方式：将励磁方式开关切到"他励"方式，调节器面板上的"他励"指示灯亮。

（3）励磁调节器选择"恒 α"运行方式：操作调节器面板上的"恒 α"按钮，选择"恒 α"方式，面板上的"恒 α"指示灯亮。

（4）合上励磁开关和原动机开关。

（5）在不启动机组的状态下，松开微机励磁调节器的"灭磁"按钮，操作"增磁"或"减磁"按钮即可逐渐减小或增加控制角 α，从而改变三相全控桥电路的电压输出及其波形。

注意：微机自动励磁调节器上的"增磁"或"减磁"按钮只在 5 s 内有效，过了 5 s 后若还需要调节，则要松开按钮，重新按下。

5.2.3.2　实验记录

实验时，调节励磁电流为表 5-1 规定的若干值，记下对应的 α 角（调节器对应的显示参数为"CC"），同时通过接在 U_d+、U_{d-} 之间的示波器观测全控桥电路输出的电压波形，由波形观察发电机的运行状态。另外，利用数字万用表测出电压 U_{fd}、U_{AC}。将以上数据记入表 5-1 中，通过 U_{fd}、U_{AC} 和数学公式也可计算出一个 α 角来。完成此表后，比较三种途径得出的 α 角有无不同，并分析原因。

表 5-1　　　　　　　　　励磁电流变化对工作波形的影响

励磁电流 I_{fd}	0.0 A	0.5 A	1.5 A	2.5 A
显示控制角 α				
励磁电压 U_{fd}				
交流输入电压 U_{AC}				
由公式计算出的 α				
由示波器读出的 α				

5.2.4　思考题

（1）调节控制角 $90°<\alpha<120°$，观察全控桥输出的电压波形，与教材中所画的波形有何不同？为什么？

（2）调节控制角 $\alpha>120°$，观察全控桥输出的电压波形，与教材中所画的波形有何不同？为什么？

（3）三相可控桥对触发脉冲有什么要求？

5.3 同步发电机起励实验

5.3.1 实验目的

(1)了解同步发电机的起励过程。

(2)了解不同起励方法之间的区别与联系。

5.3.2 实验原理与说明

同步发电机的起励方式有三种:"恒U_F"方式起励、"恒α"方式起励和"恒I_L"方式起励。其中,除了"恒α"方式起励只能在"他励"方式下有效外,其余两种方式起励都可以分别在"他励"和"自并励"两种励磁方式下进行。

"恒U_F"方式起励:现代励磁调节器通常有"设定电压起励"和"跟踪系统电压起励"两种起励方式。设定电压起励是指电压设定值由运行人员手动设定,起励后的发电机电压稳定在手动设定的电压水平上;跟踪系统电压起励是指电压设定值自动跟踪系统电压,人工不能干预,起励后的发电机电压稳定在与系统电压相同的电压水平上,有效跟踪范围为85%~115%额定电压。"跟踪系统电压起励"方式是发电机正常发电运行默认的起励方式,而"设定电压起励"方式通常用于励磁系统的调试试验。

"恒I_L"方式起励也是一种用于实验的起励方式,其设定值由程序自动设定,人工不能干预,起励后的发电机电压一般约为20%额定电压。

"恒α"方式起励只适用于"他励"励磁方式,可以做到从零电压或残压开始由人工调节逐渐增加励磁,完成起励建压的任务。

5.3.3 实验内容与步骤

5.3.3.1 "恒U_F"方式起励步骤

1.方式一

(1)将励磁方式开关切到"自励"方式,投入励磁开关。

(2)按下"恒U_F"按钮,选择"恒U_F"控制方式,此时"恒U_F"指示灯亮。

(3)将调节器操作面板上的"灭磁"按钮按下,此时"灭磁"指示灯亮,表示处于"灭磁"位置。

(4)启动机组。

(5)当发电机频率接近额定(不低于47 Hz)时,将"灭磁"按钮松开,发电机起励建压。注意观察在起励时励磁电流和励磁电压的变化(看励磁电流表和电压表)。录波,观察起励曲线,测定起励时间、上升速度、超调量、振荡次数、稳定时间等指标,记录起励后的稳态电压和系统电压。

2.方式二

方式一中的起励方式是通过手动解除"灭磁"状态完成的,实际上,还可以让发电机自动完成起励。其操作步骤如下:

(1)将励磁方式开关切到"自励"方式,投入励磁开关。

(2)按下"恒U_F"按钮,选择"恒U_F"控制方式,此时"恒U_F"指示灯亮。

(3)使调节器操作面板上的"灭磁"按钮为弹起松开状态(注意:此时"灭磁"指示灯仍然是亮的)。

(4)启动机组。

(5)当发电机频率接近额定(不低于 47 Hz)时,"灭磁"指示灯自动熄灭,机组自动起励建压,整个起励过程由机组转速控制,无须人工干预,这就是发电厂机组的正常起励方式。同理,发电机停机时,也可由转速控制逆变灭磁。

改变系统电压,重复起励(无须停机、开机,只需灭磁、解除灭磁),观察并记录发电机电压的跟踪精度和有效跟踪范围以及在有效跟踪范围外起励的稳定电压。按下"灭磁"按钮并断开励磁开关,将"励磁方式开关"改切到"微机他励"位置,恢复投入"励磁开关"。

注意:若改换励磁方式,必须首先按下"灭磁"按钮并断开"励磁开关";否则,将可能引起转子过电压,危及励磁系统安全。本励磁调节器将"他励""恒U_F"运行方式下的起励模式设计成"设定电压起励"方式(这里只是为了实验方便,实际的励磁调节器不论在何种励磁方式下均有两种"恒U_F"起励方式),起励前允许运行人员手动借助"增磁"或"减磁"按钮设定电压给定值,选择范围为 0～110% 额定电压。用灭磁和解除灭磁的方法,重复进行不同设定值的起励实验,观察起励过程,记录设定值和起励后的稳定值。

5.3.3.2 "恒I_L"方式起励步骤

(1)将励磁方式开关切到"自励"方式或者"他励"方式,投入励磁开关。

(2)按下"恒I_L"按钮,选择"恒I_L"控制方式,此时"恒I_L"指示灯亮。

(3)将调节器操作面板上的"灭磁"按钮按下,此时"灭磁"指示灯亮,表示处于"灭磁"位置。

(4)启动机组。

(5)当频率接近额定(不低于 47 Hz)时,将"灭磁"按钮松开,发电机自动起励建压,记录起励后的稳定电压。起励完成后,操作"增磁"或"减磁"按钮可以自由调整发电机电压。

5.3.3.3 "恒α"方式起励步骤

(1)将励磁方式开关切到"他励"方式,投入励磁开关。

(2)按下"恒α"按钮,选择"恒α"控制方式,此时"恒α"指示灯亮。

(3)将调节器操作面板上的"灭磁"按钮按下,此时"灭磁"指示灯亮,表示处于"灭磁"位置。

(4)启动机组。

(5)当频率接近额定(不低于 47 Hz)时,将"灭磁"按钮松开,然后手动"增磁",直到发电机起励建压。

5.3.4　思考题

(1)为什么在"恒α"方式下,必须手动"增磁"才能起励建压?

(2)比较"恒U_F"方式起励、"恒I_L"方式起励和"恒α"方式起励有何不同。

5.4　同步发电机励磁控制方式及其相互切换实验

5.4.1　实验目的

(1)了解微机励磁调节器的"恒U_F""恒I_L""恒Q"和"恒α"四种控制方式各自的特点。

(2)了解各种励磁方式之间的切换方法与过程。

(3)了解不同励磁方式之间的区别。

5.4.2　实验原理与说明

励磁调节器有"恒U_F""恒I_L""恒Q"和"恒α"四种控制方式。在每一种控制方式下,当频率发生变化时,励磁电流、励磁电压、控制角的变化趋势是不同的。

5.4.3　实验内容与步骤

5.4.3.1　"恒U_F"方式

选择"他励""恒U_F"方式,开机建压不并网,调节机组转速,改变发电机频率,记录发电机电压、励磁电流、控制角的数据,填入表5-2中。

表5-2　　　　　　　　"恒U_F"方式下发电机频率变化时的数据记录

发电机频率	发电机电压	励磁电流	励磁电压	控制角
45 Hz				
46 Hz				
47 Hz				
48 Hz				
49 Hz				
50 Hz				
51 Hz				
52 Hz				

5.4.3.2　"恒I_L"方式

选择"他励""恒I_L"方式,开机建压不并网,调节机组转速,改变发电机频率,记录发电机电压、励磁电流、控制角的数据,填入表 5-3 中。调节 I_L = 1.5～1.7 A。

表 5-3　　　　　　　"恒 I_L"方式下发电机频率变化时的数据记录

发电机频率	发电机电压	励磁电流	励磁电压	控制角
45 Hz				
46 Hz				
47 Hz				
48 Hz				
49 Hz				
50 Hz				
51 Hz				
52 Hz				

5.4.3.3　"恒 α"方式

选择"他励""恒 α"方式,开机建压不并网,调节机组转速,改变发电机频率,记录发电机电压、励磁电流、控制角的数据,填入表 5-4 中。调节 α = 75°～85°。

表 5-4　　　　　　　"恒 α"方式下发电机频率变化时的数据记录

发电机频率	发电机电压	励磁电流	励磁电压	控制角
45 Hz				
46 Hz				
47 Hz				
48 Hz				
49 Hz				
50 Hz				
51 Hz				
52 Hz				

5.4.3.4　"恒 Q"方式

选择"他励""恒 U_F"方式,开机建压,并网后选择"恒 Q"方式(并网前"恒 Q"方式非法,调节器拒绝接受"恒 Q"命令),带一定的有功、无功负荷后,记录下系统电压为 380 V 时发电机的初始状态。注意:方式切换要在此状态下进行。改变系统电压,记录发电机电压、励磁电流、控制角、有功功率和无功功率的数据,填入表 5-5 中。

表 5-5　　　　　　　　　　　　"恒 Q"方式下系统电压变化时的数据记录

系统电压	发电机电压	发电机电流	励磁电流	控制角	有功功率	无功功率
380 V						
370 V						
360 V						
350 V						
390 V						
400 V						
410 V						

　　将系统电压恢复到 380 V,选择励磁调节器的控制方式为"恒 U_F"方式,改变系统电压,记录发电机电压、励磁电流、控制角、有功功率和无功功率的数据,填入表 5-6 中。

表 5-6　　　　　　　　　　　　"恒 U_F"方式下系统电压变化时的数据记录

系统电压	发电机电压	发电机电流	励磁电流	控制角	有功功率	无功功率
380 V						
370 V						
360 V						
350 V						
390 V						
400 V						
410 V						

　　将系统电压恢复到 380 V,选择励磁调节器的控制方式为"恒 I_L"方式,改变系统电压,记录发电机电压、励磁电流、控制角、有功功率和无功功率的数据,填入表 5-7 中。

表 5-7　　　　　　　　　　　　"恒 I_L"方式下系统电压变化时的数据记录

系统电压	发电机电压	发电机电流	励磁电流	控制角	有功功率	无功功率
380 V						
370 V						
360 V						
350 V						
390 V						
400 V						
410 V						

将系统电压恢复到380 V,选择励磁调节器的控制方式为"恒 α"方式,改变系统电压,记录发电机电压、励磁电流、控制角、有功功率和无功功率的数据,填入表5-8中。

表 5-8   "恒 Q"方式下系统电压变化时的数据记录

系统电压	发电机电压	发电机电流	励磁电流	控制角	有功功率	无功功率
380 V						
370 V						
360 V						
350 V						
390 V						
400 V						
410 V						

注意:四种控制方式相互切换时,切换前后运行工作点应重合。

5.4.3.5   负荷调节

调节调速器的"增速"和"减速"按钮,可以调节发电机输出的有功功率;调节励磁调节器的"增磁"和"减磁"按钮,可以调节发电机输出的无功功率。由于输电线路比较长,当有功功率增加到额定值时,功率角较大(与发电厂机组相比),必要时要投入双回线;当无功功率增加到额定值时,线路两端电压降落较大,但由于发电机电压具有上限限制,所以需要降低系统电压来使无功功率上升,必要时投入双回线。记录发电机额定负载运行、半负载运行和空载运行时的励磁电流、励磁电压和控制角,填入表5-9中。

表 5-9   负荷调节数据记录

发电机状态	励磁电流	励磁电压	控制角
空载			
半负载			
额定负载			

5.4.4   思考题

(1)比较"恒 U_F""恒 I_L""恒 Q"和"恒 α"四种运行方式的特点,说说它们各适合在何种场合应用。

(2)对电力系统运行而言,哪一种运行方式最好?试就电压质量、无功负荷平衡、电力系统稳定等方面进行比较。

5.5 逆变灭磁和跳开灭磁开关灭磁实验

5.5.1 实验目的

(1)了解不同的灭磁方法。
(2)了解灭磁过程与原理。

5.5.2 实验原理与说明

灭磁是励磁系统保护不可或缺的部分。由于发电机转子是一个大电感,当发电机正常运行或故障停机时,转子中储存的能量必须泄放,该能量泄放的过程就是灭磁过程。灭磁只能在空载下进行(在发电机并网状态下灭磁将会导致发电机失去同步,造成转子异步运行,感应过电压,危及转子绝缘)。当三相全控桥电路的触发控制角大于90°时,电路将工作在逆变状态下。本实验的逆变灭磁就是利用全控桥电路的这个特点来完成的。

5.5.3 实验内容与步骤

5.5.3.1 逆变灭磁的步骤

(1)选择"自励"或者"他励"励磁方式,励磁控制方式采用"恒 U_F"。
(2)启动机组,投入励磁并起励建压,增磁,使同步发电机进入空载额定运行状态。
(3)按下"灭磁"按钮,"灭磁"指示灯亮,发电机执行"逆变灭磁"命令。注意观察励磁电流表和励磁电压表的变化以及励磁电压波形的变化。

5.5.3.2 跳开灭磁开关灭磁的步骤

(1)选择"微机自并励"或者"微机他励"励磁方式,励磁控制方式采用"恒 U_F"。
(2)启动机组,投入励磁并起励建压,使同步发电机进入空载稳定运行状态。
(3)直接按下"励磁开关"的"绿色按钮",跳开励磁开关。注意观察励磁电流表和励磁电压表的变化。

5.5.4 思考题

逆变灭磁与跳开励磁开关灭磁主要有什么区别?

5.6 伏赫限制实验

5.6.1 实验目的

(1)了解伏赫限制方法与原理。

(2)了解发电机电压与频率的关系。

5.6.2 实验原理与说明

单元接线的大型同步发电机解列运行时,其机端电压有可能升得较高,而其频率有可能降得较低。如果其机端电压 U_F 与频率 f 的比值 $B = U_F / f$ 过高,则同步发电机及其主变压器的铁芯就会饱和,使空载励磁电流加大,造成发电机和主变压器过热。因此,有必要对 U_F / f 加以限制。伏赫限制器的工作原理就是:根据整定的最大允许伏赫比 B_{max} 和当前频率 f,计算出当前允许的最高电压 $U_{Fh} = B_{max} \cdot f$,将其与电压给定值 U_g 比较,取二者中的较小值作为计算电压偏差的基准 U_b,由此调节的结果必然是发电机电压 $U_F \leqslant U_{Fh}$。伏赫限制器在解列运行时投入,并网后退出。

5.6.3 实验内容与步骤

(1)选择"自励"或者"他励"励磁方式,励磁控制方式采用"恒 U_F"。

(2)启动机组,投入励磁起励建压,使发电机稳定运行在空载额定电压的 1.05～1.1 倍。

(3)调节原动机的"减速"按钮,使机组的频率从 50 Hz 下降到 44 Hz。

(4)每间隔 1 Hz 记录一次发电机电压随频率变化的数据,填入表 5-10 中。

(5)根据实验数据描出电压与频率的关系曲线,并计算设定的 B_{max} 值(用限制动作后的数据计算,"伏赫限制"指示灯亮表示伏赫限制动作)。

做本实验时,要先增磁到一个比较高的发电机电压后再慢慢减速。

表 5-10　　　　　　　　　　伏赫限制实验数据记录

发电机频率	50 Hz	49 Hz	48 Hz	47 Hz	46 Hz	45 Hz	44 Hz
发电机电压							

5.6.4 思考题

(1)为什么在并网时不需要伏赫限制?

(2)伏赫限制有什么意义?

5.7 同步发电机强励实验

5.7.1 实验目的

(1)了解强励的方法与原理。

(2)了解强励的作用。

5.7.2 实验原理与说明

强励是励磁控制系统的基本功能之一,当电力系统由于某种原因出现短时低压时,励磁系统应以足够快的速度提供足够高的励磁电流顶值,从而提高电力系统的暂态稳定性和改善电力系统的运行条件。在并网时,模拟单相接地和两相间短路故障可以观察强励过程。

5.7.3 实验内容与步骤

(1)选择"自励"励磁方式,励磁控制方式采用"恒 U_F"。

(2)启动机组,满足条件后并网。

(3)当发电机有功功率和无功功率的输出均为 50% 额定负载时,进行单相接地和两相间短路实验。注意观察发电机机端电压和励磁电流、励磁电压的变化情况,以及强励时的励磁电压波形。

(4)采用"他励"励磁方式,重复步骤(1)和(2)。

将实验数据填入表 5-11 中。

表 5-11 同步发电机强励实验数据记录

	自励		他励	
	单相接地短路	两相间短路	单相接地短路	两相间短路
励磁电流最大值				
发电机电流最大值				

5.7.4 思考题

(1)比较在"他励"方式下的强励与在"自励"方式下的强励有什么区别?

(2)强励对电力系统有什么好处?

5.8 欠励限制实验

5.8.1 实验目的

(1)了解几种常用励磁限制器的作用。

(2)了解欠励限制的方法。

5.8.2 实验原理与说明

欠励限制器的作用是防止发电机因励磁电流过度减小而引起失步或因机组过度进相引起定子端部过热。欠励限制器的任务是:确保机组在并网运行时,将发电机的功率运行点(P、Q)限制在欠励限制曲线上方。欠励限制器的工作原理是:根据给定的欠励限制方程和当前的有功功率 P 计算出对应的无功功率下限($Q_{min} = aP + b$)。将 Q_{min} 与当前的 Q 比较:若 $Q_{min} < Q$,欠励限制器不动作;若 $Q_{min} > Q$,欠励限制器动作,自动增加无功功率的输出,使 $Q_{min} < Q$。

5.8.3 实验内容与步骤

(1)选择"自励"或者"他励"励磁方式,励磁控制方式采用"恒 U_F"。

(2)启动机组,投入励磁开关。

(3)满足条件后并网。

(4)调节有功功率的输出分别为 0、50%、100%的额定负载,用减小励磁电流(按"减磁"按钮)或升高系统电压的方法使发电机进相运行,直到欠励限制器动作("欠励限制"指示灯亮),记下此时的有功功率 P 和无功功率 Q。

(5)根据实验数据作出欠励限制线 $P = f(Q)$,并计算出该直线的斜率(a)和截距(b);如果减磁到失步时还不能使欠励限制动作,可以用提高系统电压的方法来实现。

将实验数据填入表 5-12 中。

表 5-12　　　　　　　　　　欠励限制实验数据记录

发电机的有功功率 P	欠励限制动作时的无功功率 Q
零负载	
50%额定负载	
100%额定负载	

5.8.4 思考题

励磁限制器的作用是什么?

5.9 调差实验

5.9.1 实验目的

(1)掌握励磁调节器的基本使用方法。

(2)了解零调差、正调差与负调差。

5.9.2 实验原理与说明

在微机励磁调节器中使用的调差公式为(按标幺值计算):$U_b = U_g \pm K_q \cdot Q$(式中,$U_b$ 为基准电压;U_g 为电压给定值;K_q 为调压系数;Q 为无功功率)它是将无功功率的一部分叠加到电压给定值上(模拟式励磁调节器通常是将无功电流的一部分叠加到电压测量值上,效果等同)。

5.9.3 实验内容与步骤

5.9.3.1 调差系数的测定

(1)选择"自励"或者"他励"励磁方式,励磁控制方式采用"恒 U_F"。

(2)启动机组,投入励磁开关。

(3)满足条件后并网,使发电机稳定运行。

(4)用降低系统电压的方法增加发电机的无功功率输出,记录一系列 U_F、Q 数据,填入表 5-13 中。

(5)作出调节特性曲线,并计算出调差系数。

系统电压 U_X	发电机机端电压 U_F	发电机的无功功率输出 Q
380 V		
360 V		
340 V		

表 5-13 调差系数的测定数据记录

5.9.3.2 零调差实验

(1)设置调差系数 $K_q = 0$,实验步骤同 5.9.3.1。

(2)用降低系统电压(将系统电压从 380 V 调到 340 V)的方法增加发电机的无功功率输出,记录一系列 U_F、Q 数据,填入表 5-14 中;作出调节特性曲线。

5.9.3.3 正调差实验

(1)设置调差系数 $K_q = 4\%$,实验步骤同 5.9.3.1。

(2)用降低系统电压(将系统电压从 380 V 调到 340 V)的方法增加发电机的无功功

率输出,记录一系列 U_F、Q 数据,填入表 5-14 中;作出调节特性曲线。

5.9.3.4　负调差实验

(1)设置调差系数 $K_q = -4\%$,实验步骤同 5.9.3.1。

(2)用降低系统电压(将系统电压从 380 V 调到 340 V)的方法增加发电机的无功功率输出,记录一系列 U_F、Q 数据,填入表 5-14 中;作出调节特性曲线。

表 5-14　　　　　　　　　零调差、正调差和负调差时的数据记录

$K_q = 0$		$K_q = +4\%$		$K_q = -4\%$	
U_F	Q	U_F	Q	U_F	Q

5.9.4　思考题

采用不同的调差系数时,调差特性曲线有何不同?

5.10　过励限制实验

5.10.1　实验目的

(1)了解几种常用励磁限制器的作用。

(2)了解过励限制的意义与作用。

5.10.2　实验原理与说明

发电机励磁电流超过额定励磁电流的 1.1 倍时称为"过励"。励磁电流在 1.1 倍以下时允许长期运行,在 1.1~2.0 倍之间时按反时限原则延时动作,2.0 倍以上时瞬时动作。"过励限制"指示灯在过励限制动作时亮。

5.10.3　实验内容与步骤

(1)选择"自励"或者"他励"励磁方式,励磁控制方式采用"恒 U_F"。

(2)启动机组,投入励磁开关。

(3)用降低额定励磁电流定值的方法模拟励磁电流过励,此时限制器将按反时限特性延时动作,记录此时的励磁电流值和延时时间(填入表 5-15 中),观察过励限制器的动作过程。

(4)描出励磁限制特性曲线 $t = f\left(\dfrac{I}{I_e}\right)$。

做本实验时需要改变过流整定值。

表 5-15　　　　　　过励限制实验数据记录(额定电流整定值 $I_e=1$ A)

励磁电流实际值 I(A)	过励倍数(I/I_e)	延时时间 t(s)
1		
1.2		
1.4		
1.6		
2		

5.10.4　思考题

在加入过励限制之后,励磁特性曲线有什么特点?

5.11　PSS实验

5.11.1　实验目的

(1)了解 PSS 的作用。

(2)观察强励现象及其对稳定的影响。

5.11.2　实验原理与说明

PSS 的主要作用是抑制系统的低频振荡。它的投入对提高电力系统的动态稳定性有非常重要的意义。

5.11.3　实验内容与步骤

(1)选择"自励"或者"他励"励磁方式,励磁控制方式采用"恒 U_F"。

(2)启动机组,投入励磁开关。

(3)满足条件后并网,使发电机稳定运行。

(4)在不投入 PSS 的条件下,增加发电机的有功功率输出,直到系统开始振荡,记下此时的机端电压、有功功率输出和功率角(由调速器的显示器读数),填入表 5-16 中。

(5)在投入 PSS 的条件下,增加发电机的有功功率输出,直到系统开始振荡,记下此时的机端电压、有功功率输出和功率角,填入表 5-16 中。

(6)比较 PSS 投和不投两种情况下的功率极限和功率角极限有何不同。

表 5-16   PSS 实验数据记录

	单回输电线路		双回输电线路	
	PSS 投	PSS 不投	PSS 投	PSS 不投
机端电压 U_F				
发电机的有功功率 P				
功率角 δ				

5.11.4　思考题

(1)单回输电线路与双回输电线路之间的机端电压、发电机有功功率、功率角之间的区别是什么?

(2)PSS 投切与否对机端电压、发电机有功功率、功率角有什么影响?

第6章　同步发电机准同期并列实验

电力系统正常运行时,为了维持其频率、电压在允许的范围内,运行中要根据负荷波动在必要时投入或切除发电机;在检修完毕,要将机组重新投入;在故障情况下(如过流、失磁等),为了保护发电机,或为了保持主系统的稳定,需要切除发电机,并在合适的时候将其重新投入运行;有时需要将备用发电机迅速投入运行。针对上述情况,都需要在必要时将发电机重新投入电网。可见,在电力系统运行中,并列操作是较为频繁的。

6.1　同步发电机准同期并列的基本知识

将同步发电机并入电力系统的合闸操作通常采用准同期并列方式。准同期并列要求在合闸前调整待并机组的电压和转速,当满足电压幅值和频率条件后,根据"恒定越前时间原理",由运行操作人员手动或由准同期控制器自动选择合适时机发出合闸命令。这种并列操作的合闸冲击电流一般很小,并且机组投入电力系统后能被迅速拉入同步。根据并列操作的自动化程度不同,又分为手动准同期、半自动准同期和全自动准同期三种方式。

6.2　机组启动与建压实验

6.2.1　实验目的

(1)学习如何启动机组并建压。
(2)观察分析相关波形。

6.2.2　实验原理与说明

使准同期控制器的发电机频率达到 50 Hz,发电机电压达到 100 V 后,观察分析正弦整步电压(即脉动电压)、线性整步电压(即三角波)及相位差、频率差、电压差的变化情况。

正弦整步电压是不同频率的两个正弦电压之差,其幅值做周期性的正弦规律变化。它能反映两个待并系统间的同步情况,如频率差、相角差以及电压幅值差。线性整步电压反映的是不同频率的两个方波电压间相角差的变化规律,其波形为三角波。它能反映两个待并系统间的频率差和相角差,并且不受电压幅值差的影响,因此得到了广泛的应用。

6.2.3 实验内容与步骤

6.2.3.1 实验步骤

(1)检查调速器上"模拟调节"电位器的指针是否指在"0"位置,如果不在,则应调到"0"位置。

(2)合上操作电源开关,检查实验台上各开关的状态:各开关信号灯应绿灯亮、红灯熄。调速器面板上的数码管显示发电机频率,调速器上的"微机正常"指示灯和"电源正常"指示灯亮。

(3)按下调速器上的"微机方式自动/手动"按钮,使"微机自动"指示灯亮。

(4)励磁调节器选择"他励""恒 U_F"运行方式,选择后合上励磁开关。

(5)把实验台上的"同期方式"开关置于"断开"位置。

(6)合上系统电压开关和线路开关 QF_1、QF_3,检查系统电压是否接近额定值 380 V。

(7)合上原动机开关,按下"开机/停机"按钮,使"开机"指示灯亮,调速器将自动启动电动机到额定转速。

(8)当机组转速升到 95% 以上时,微机励磁调节器自动将发电机电压建压到与系统电压相等。

6.2.3.2 观察与分析

(1)操作调速器上的"增速"或"减速"按钮调整机组转速,记录微机准同期控制器显示的发电机频率和系统频率。观察并记录旋转灯光整步表上灯光旋转方向及旋转速度与频率差方向及频率差大小的对应关系;观察并记录不同频率差方向、不同频率差大小时的模拟式整步表的指针旋转方向及旋转速度、频率平衡表指针的偏转方向及偏转角度的大小的对应关系。

(2)操作励磁调节器上的"增磁"或"减磁"按钮调节发电机机端电压,观察并记录不同电压差方向、不同电压差大小时的模拟式电压平衡表指针的偏转方向和偏转角度的大小的对应关系。

(3)调节发电机的转速和电压,观察并记录微机准同期控制器的"频差闭锁""压差闭锁"及"相差闭锁"指示灯的亮熄规律。

(4)将示波器跨接在"发电机电压"测试孔与"系统电压"测孔间,观察正弦整步电压(即脉动电压)的波形,观察并记录正弦整步电压的幅值达到最小值的时刻所对应的整步表指针的位置和灯光的位置。

(5)将示波器跨接在"三角波"测试孔与"参考地"测试孔之间,观察线性整步电压(即三角波)的波形,观察并记录线性整步电压的幅值达到最小值的时刻所对应的整步表指针的位置和灯光的位置。

6.2.3　思考题

机组启动与建压时应注意哪些事项?

6.3　手动准同期实验

6.3.1　实验目的

(1)了解手动准同期的操作步骤。
(2)掌握合闸条件。

6.3.2　实验原理与说明

手动准同期并列,应在正弦整步电压的最低点(同相点)时合闸,考虑到断路器的固有合闸时间,实际发出合闸命令的时刻应提前一个相应的时间或角度。

6.3.3　实验内容与步骤

6.3.3.1　按准同期并列条件合闸

将"同期方式"转换开关置于"手动"位置。在这种情况下,要满足并列条件,需要手动调节发电机的电压、频率,直至电压差、频率差在允许范围内,相角差在 0°前某一合适位置时,手动操作"合闸"按钮进行合闸。观察微机准同期控制器上显示的发电机电压和系统电压,相应操作微机励磁调节器上的"增磁"或"减磁"按钮进行调压,直至"压差闭锁"指示灯熄灭。观察微机准同期控制器上显示的发电机频率和系统频率,相应操作微机调速器上的"增速"或"减速"按钮进行调速,直至"频差闭锁"指示灯熄灭。此时表示电压差、频率差均满足条件,观察整步表上旋转灯的位置,当旋转至 0°位置前某一合适时刻时,即可合闸。观察并记录合闸时的冲击电流。

实验步骤如下:

(1)检查调速器上"模拟调节"电位器的指针是否指在"0"位置,若不在,则应调到"0"位置。

(2)合上操作电源开关,检查实验台上各开关的状态:各开关信号灯应绿灯亮、红灯熄。调速器面板上的数码管显示发电机频率,调速器上的"微机正常"指示灯和"电源正常"指示灯亮。

(3)按下调速器上的"模拟方式"按钮,使"模拟方式"指示灯亮。

(4)缓慢调节"模拟调节"电位器的指针,使原动机的转速达到其额定转速。

(5)励磁调节器在选择"手动励磁"开关之前需要检查手动励磁调压器是否在"0"位置,若不在,则应调到"0"位置,再合上励磁开关。

(6)缓慢调节手动励磁调压器,使发电机电压达到 380 V,并维持原动机的转速为其额定转速。

（7）合上系统电压开关和线路开关 QF_1、QF_3，检查系统电压是否接近额定值 380 V。

（8）将实验台上的"同期方式"转换开关选择为"手动同期"挡。

（9）观测同期表，其频率差、电压差和相角差的指针在中间平衡位置时合上"发电机开关"按钮。

6.3.3.2 按偏离准同期并列条件合闸

实验步骤如下：

（1）检查调速器上"模拟调节"电位器的指针是否指在"0"位置，若不在，则应调到"0"位置。

（2）合上操作电源开关，检查实验台上各开关的状态：各开关信号灯应绿灯亮、红灯熄。调速器面板上的数码管显示发电机频率，调速器上的"并网"指示灯和"微机故障"指示灯均为"熄灭"状态。

（3）按下调速器上的"模拟方式"按钮，使"模拟方式"指示灯亮。

（4）缓慢调节"模拟调节"电位器的指针，使原动机的转速达到其额定转速。

（5）励磁调节器在选择"手动励磁"开关之前需要检查手动励磁调压器是否在"0"位置，若不在，应调到"0"位置，再合上励磁开关。

（6）缓慢调节手动励磁调压器，使发电机电压达到 380 V，并维持原动机的转速为其额定转速。

（7）合上系统电压开关和线路开关 QF_1、QF_3，检查系统电压是否接近额定值 380 V。

（8）将实验台上的"同期方式"转换开关选择为"手动同期"挡。

（9）观测同期表，按下面三种情况实验并将记录的数据填入表 6-1 中。

①电压差、相角差条件满足，频率差不满足时，分别在 $f_F > f_X$ 和 $f_F < f_X$ 时手动合闸，观察并记录实验台上有功功率表和无功功率表指针的偏转方向及偏转角度的大小，分别填入表 6-1 中。注意：频率差不要大于 0.5 Hz。

②频率差、相角差条件满足，电压差不满足时，分别在 $U_F > U_X$ 和 $U_F < U_X$ 时手动合闸，观察并记录实验台上有功功率表 P 和无功功率表 Q 指针的偏转方向及偏转角度的大小，分别填入表 6-1 中。注意：电压差不要大于额定电压的 10%。

③频率差、电压差条件满足，相角差不满足时，分别在顺时针旋转和逆时针旋转时手动合闸，观察并记录实验台上有功功率表和无功功率表指针的偏转方向及偏转角度的大小，分别填入表 6-1 中。注意：相角差不要大于 30°。

表 6-1   **同期表现测数据记录**

	$f_F > f_X$	$f_F < f_X$	$U_F > U_X$	$U_F < U_X$	顺时针	逆时针
$P(\text{kW})$						
$Q(\text{kVAR})$						

注：有功功率 P 和无功功率 Q 也可以通过微机励磁调节器的显示装置读出。

6.3.4 思考题

(1)若两侧频率几乎相等,电压差也在允许范围内,但"合闸"命令迟迟不能发出,这是一种什么现象? 应采取什么措施解决?

(2)在 $f_F > f_X$ 或者 $f_F < f_X$,$U_F > U_X$ 或者 $U_F < U_X$ 下并列,机端有功功率表及无功功率表的指示有何特点? 为什么?

6.4 半自动准同期实验

6.4.1 实验目的

(1)了解半自动准同期的含义与操作方式。
(2)了解半自动准同期与手动准同期的区别。

6.4.2 实验原理与说明

将"同期方式"转换开关置于"半自动"位置;按下准同期控制器上的"同期"按钮即向准同期控制器发出"同期并列"命令。此时,"同期命令"指示灯亮,"微机正常"指示灯闪烁加快。准同期控制器将给出相应操作的指示信息,运行人员可以按这个指示进行相应操作。调速、调压的方法同手动准同期。

6.4.3 实验内容与步骤

6.4.3.1 实验准备

当电压差、频率差条件满足时,整步表上的旋转灯光旋转至接近 0°位置,整步表圆盘的"圆心"指示灯亮,表示全部条件满足,准同期控制器会自动发出"合闸"命令,"合闸出口"指示灯亮,随后"断路器合"指示灯亮,表示已经合闸。"同期命令"指示灯熄,"微机正常"指示灯恢复正常闪烁,进入待命状态。

6.4.3.2 实验步骤

(1)检查调速器上"模拟调节"电位器的指针是否指在"0"位置,若不在,则应调到"0"位置。

(2)合上操作电源开关,检查实验台上各开关的状态:各开关信号灯应绿灯亮、红灯熄。调速器面板上的数码管显示发电机频率,调速器上的"微机正常"指示灯和"电源正常"指示灯亮。

(3)按下调速器上的"微机方式自动/手动"按钮,即通过"微机手动"方式开机,调速器面板上的"微机手动"指示灯亮。

(4)按住"增速"按钮,使原动机的转速达到其额定转速(按住"增速"或"减速"按钮5 s,微机会自动增速或减速。

（5）励磁调节器在选择"手动励磁"开关之前需要检查手动励磁调压器是否在"0"位置，若不在，则应调到"0"位置，再合上励磁开关。

（6）缓慢调节手动励磁调压器，使发电机电压达到 380 V，并维持原动机的转速为其额定转速。

（7）合上系统电压开关和线路开关 QF₁、QF₃，检查系统电压是否接近额定值 380 V。

（8）将实验台上的"同期方式"转换开关选择为"手动同期"挡。

（9）观测同期表，其频率差、电压差和相角差的指针在中间平衡位置时合上"发电机开关"按钮。

6.4.4　思考题

（1）合闸冲击电流的大小与哪些因素有关？
（2）半自动准同期与手动准同期有哪些区别？

6.5　全自动准同期实验

6.5.1　实验目的

（1）了解全自动准同期的含义与操作方式。
（2）了解全自动准同期与手动准同期的区别。

6.5.2　实验原理与说明

自动准同期并列，通常采用恒定越前时间原理工作，这个越前时间可按断路器的合闸时间整定。准同期控制器根据给定的允许电压差和允许频率差，不断地检查准同期条件是否满足，在不满足要求时，闭锁合闸并且发出均压均频控制脉冲。当所有条件均满足时，在整定的越前时刻送出合闸脉冲。

6.5.3　实验内容与步骤

6.5.3.1　实验准备

将"同期方式"转换开关置于"全自动"位置；按下准同期控制器的"同期"按钮，"同期命令"指示灯亮，"微机正常"指示灯闪烁加快。此时，微机准同期控制器将自动进行均压、均频控制并检测合闸条件，一旦合闸条件满足即发出"合闸"命令。

在全自动过程中，观察当"加速"或"减速"指示灯亮时，调速器上有什么反应；当"升压"或"降压"指示灯亮时，微机励磁调节器上有什么反应。当一次合闸过程完毕时，控制器会自动解除"合闸"命令，避免二次合闸。此时，"同期命令"指示灯熄，"微机正常"指示灯恢复正常闪烁。

6.5.3.2　实验步骤

（1）检查调速器上"模拟调节"电位器的指针是否指在"0"位置，若不在，则应调到"0"

位置。

（2）合上操作电源开关，检查实验台上各开关的状态：各开关信号灯应绿灯亮、红灯熄。调速器面板上的数码管显示发电机频率，调速器上的"微机正常"指示灯和"电源正常"指示灯亮。

（3）松开调速器上的"模拟方式"和"微机方式自动/手动"按钮，使"微机自动"指示灯亮。

（4）按下"开机/停机"按钮，此时控制量开始缓慢增加，直至原动机的转速达到其额定转速。

（5）励磁调节器选择"他励"方式，励磁调节器的控制方式选择"恒 U_F"方式，然后合上励磁开关。

（6）调节"增磁"或"减磁"按钮使数码管上显示的 U_g 参数为 380 V，松开"灭磁"按钮，使发电机电压达到 380 V。

（7）合上系统电压开关和线路开关 QF_1、QF_3，检查系统电压是否接近额定值 380 V。

（8）将实验台上的"同期方式"转换开关选择为"微机全自动同期"挡。

（9）按下"同期命令"按钮，等待微机自动并网。

6.5.4 思考题

（1）比较手动准同期和自动准同期的调整并列过程。

（2）准同期并列与自同期并列，在本质上有何差别？ 如果在这套机组上实验自同期并列，应如何操作？

6.6 准同期条件的整定实验

6.6.1 实验目的

（1）了解准同期条件的整定方法与原理。

（2）了解与准同期整定有关的参数。

6.6.2 实验原理与说明

按下"参数设置"按钮，使"参数设置"指示灯亮，进入"参数设置"状态（再按一下"参数设置"按钮，即可使"参数设置"指示灯熄灭，退出"参数设置"状态），共显示 8 个参数，可供修改的参数共有 7 个，即开关时间、频率差允许值、电压差允许值、均压脉冲周期、均压脉冲宽度、均频脉冲周期、均频脉冲宽度。以上 7 个参数按"参数选择"按钮可循环出现，按"上三角▲"或"下三角▼"按钮可改变其大小。第 8 个参数是实测的上一次开关合闸时间，单位为毫秒。

6.6.3 实验内容与步骤

（1）整定频率差允许值 $\Delta f = 0.3$ Hz，电压差允许值 $\Delta U = 3$ V，越前时间 $t_{yq} = 0.1$ s，

通过改变实际开关动作时间,即整定操作台上"同期开关时间"的时间继电器,进行全自动同期实验,观察在不同开关时间下的并列过程有何差异,并记录三相冲击电流中最大的一相的电流值 I_m,填入表 6-2 中。

表 6-2　　　　　　　　　同期开关时间整定的数据记录

整定同期开关时间(s)	0.1	0.2	0.3	0.4
实际开关动作时间(s)				
最大的冲击电流 I_m(A)				

据此,估算出开关操作回路固有时间的大致范围,并根据上一次开关的实测合闸时间,整定同期装置的越前时间。在此状态下,观察并列过程中的冲击电流的大小。

(2)改变频率差允许值 Δf,重复进行全自动同期实验,观察在不同频率差允许值下的并列过程有何差异,并记录三相冲击电流中最大的一相的电流值 I_m,填入表 6-3 中。

注:此实验中的微机调速器工作在"微机手动"方式。

表 6-3　　　　　　　　　改变频率差允许值时的数据记录

频率差允许值 Δf(Hz)	0.4	0.3	0.2	0.1
最大的冲击电流 I_m(A)				

(3)改变电压差允许值 ΔU,重复进行全自动同期实验,观察在不同压差允许值下的并列过程有何差异,并记录三相冲击电流中最大的一相的电流值 I_m,填入表 6-4 中。

表 6-4　　　　　　　　　改变电压差允许值时的数据记录

电压差允许值 ΔU(V)	5	4	3	2
最大的冲击电流 I_m(A)				

(4)停机。当同步发电机与系统解列之后,按下调速器的"开机/停机"按钮,使"停机"指示灯亮,即可自动停机。当机组的转速降到其额定转速的 85% 以下时,微机励磁调节器自动逆变灭磁。待机组停稳后,断开原动机开关,跳开励磁开关以及线路和无穷大系统开关。

(5)切断操作电源开关。

6.6.4　思考题

(1)滑差频率、越前时间的整定原则是什么?

(2)相序不对(如系统侧相序为 A、B、C,发电机侧相序为 A、C、B)时能否并列?为什么?

(3)电压互感器的极性如果有一侧(系统侧或发电机侧)接反,会有何结果?

(4)频率差变化或电压差变化时,正弦整步电压的变化规律如何?

第7章 单机—无穷大系统稳态
运行方式实验

电力系统是由各种电器元件组成的有机整体。要对电力系统进行分析和计算,首先要掌握各元件的电气特性,建立等值电路与数学模型。本章将通过单机—无穷大系统稳态运行方式实验使学生掌握电力系统的稳态分析方法,熟悉各电网参数之间的相互联系。

7.1 单机—无穷大系统的基本知识

在典型运行方式下,用相对值表示的电压损耗、电压降落等的数值范围,是用于判断运行报表或监视控制系统测量值是否正确的参数依据。因此,除了通过结合实际问题,让学生掌握此类"数值概念"外,实验也是一条很好的、更为直观的、易于形成深刻记忆的手段之一。图 7-1 所示为一次系统的接线。

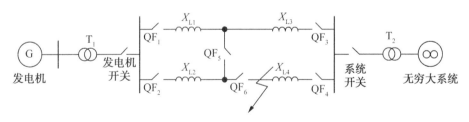

图 7-1　一次系统的接线

实验系统用标准的小型三相同步发电机来模拟电力系统的同步发电机,虽然其参数不能与大型发电机相似,但也可以看成是一种具有特殊参数的电力系统的发电机。发电机的励磁系统可以用外加直流电源通过手动来调节,也可以切换到台上的微机励磁调节器来实现自动调节。实验台的输电线路用多个接成链形的电抗线圈来模拟,其电抗值满足相似条件。"无穷大"母线就直接用实验室的交流电源,因为它是由实际电力系统供电的。所以,它基本上符合"无穷大"母线的条件。

为了进行测量,实验台设置了测量系统,以测量各种电量(电流、电压、功率、频率)。为了测量发电机转子与系统的相对位置角(功率角),在发电机轴上装设了闪光测角装置。此外,台上还设置了模拟短路故障的保护装置等控制设备。

7.2 单回路稳态对称运行实验

7.2.1 实验目的

(1)了解和掌握对称稳定情况下,输电系统的各种运行状态与运行参数的数值变化范围。
(2)了解电力系统各参数之间的关系。

7.2.2 实验原理与说明

电力系统稳态对称和不对称运行分析,除了包含许多理论概念之外,还有一些重要的"数值概念"。本实验系统是一种物理模型。原动机采用直流电动机来模拟,当然,它们的特性与大型原动机是不相似的。原动机输出功率的大小,可通过给定直流电动机的电枢电压来调节。

7.2.3 实验内容与步骤

在本实验中,原动机采用手动"模拟方式"开机,励磁采用手动励磁方式,然后启动机组、建压、并网,调整发电机电压和原动机功率,使输电系统处于不同的运行状态(输送功率不同,线路首、末端电压不同等),观察、记录线路首、末端的测量表计值及线路开关站的电压值,计算、分析、比较运行状态不同时,运行参数变化的特点及数值范围,包括电压损耗、电压降落、沿线电压变化、两端无功功率的方向(根据沿线电压的大小比较判断)等。将实验数据填入表 7-1 中。

表 7-1 单回路稳态对称运行实验数据记录

	P(kW)	Q(kVar)	I(A)	U_F(V)	U_Z(V)	U_α(V)	ΔU(V)	$\Delta \dot{U}$(V)
单回路	0.5							
	1.0							
	1.2							
	1.5							

注:U_Z 为中间开关站的电压;ΔU 为输电线路的电压损耗;$\Delta \dot{U}$ 为输电线路的电压降落。

7.2.4 思考题

(1)根据不同运行状态的线路首、末端和中间开关站的实验数据,分析、比较运行状态不同时,运行参数变化的特点和变化范围。

(2)影响简单系统静态稳定性的因素有哪些？

(3)何谓电压损耗、电压降落？

7.3 双回路对称运行与单回路对称运行比较实验

7.3.1 实验目的

(1)了解和掌握双回路运行方式。

(2)了解双回路运行方式与单回路运行方式之间的区别。

7.3.2 实验原理与说明

双回路对称运行与单回路对称运行对电力系统稳定性的影响有所不同。把实验线路改为双回路运行,观察参数的变化,并对电力系统的稳定性进行分析。

7.3.3 实验内容与步骤

按 7.2 节的实验方法进行本实验的操作,只是将原来的单回路运行改成双回路运行。将实验数据填入表 7-2 中,并与单回路的实验结果进行比较。

表 7-2 双回路对称运行实验数据记录

	P(kW)	Q(kVar)	I(A)	U_F(V)	U_Z(V)	U_α(V)	ΔU(V)	$\overset{.}{\Delta U}$(V)
双回路	0.5							
	1.0							
	1.2							
	1.5							

7.3.4 思考题

(1)整理实验数据,说明单回路供电和双回路供电对电力系统稳定运行的影响,并对实验结果进行理论分析。

(2)提高电力系统静态稳定性的措施有哪些？

7.4 单回路稳态非全相运行实验

7.4.1 实验目的

(1)了解和掌握输电系统稳态不对称运行的条件。

(2)分析非全相运行对电力系统稳态的影响。

（3）了解不对称运行对发电机的影响等。

7.4.2 实验原理与说明

单回路稳态非全相运行是在双回路运行下做单相故障实验，根据所测量的一组数据分析输电线路输送功率的变化。

7.4.3 实验内容与步骤

确定实现非全相运行的接线方式，断开一相，观察其在与单回路稳态对称运行时相同的输送功率下的运行状态的变化。

实验步骤如下：

（1）首先按双回路对称运行的接线方式（不含开关 QF_5）接线。

（2）输送功率与 7.2 节中单回路稳态对称运行实验的输送功率值一样。

（3）微机保护定值整定：动作时间为 0 s，重合闸时间为 100 s。

（4）在故障单元，选择单相故障相，整定故障时间为 0 s＜t＜100 s。

（5）进行单相短路故障实验，此时微机保护切除故障相，准备重合闸，这时迅速跳开开关 QF_1、QF_3，即只有单回线路的两相在运行。观察此状态下的三相电流、电压值，并与 7.2 节中的实验进行比较。

（6）故障 100 s 以后，重合闸成功，系统恢复到 7.2 节的实验状态。

将实验数据填入表 7-3 中。

表 7-3　　　　　　　单回路稳态全相、非全相运行实验数据记录

	P(kW)	Q(kVar)	S(kVA)	U_A(V)	U_B(V)	U_C(V)	I_A(A)	I_B(A)	I_C(A)
	0.5								
全相运行值	1.0								
	1.2								
	0.5								
非全相运行值	1.0								
	1.2								

7.4.4 思考题

比较全相运行与非全相运行的实验数据，分析输电线路输送功率的变化。

第8章 电力系统功率特性和功率极限实验

随着电力系统的发展和扩大,其稳定性问题更加突出,而提高电力系统稳定性和输送能力的重要手段之一是尽可能地提高电力系统的功率极限。本章的重点就是介绍励磁调节对电力系统功率特性及功率极限的影响。

8.1 电力系统功率特性的基本知识

所谓简单电力系统,一般是指发电机通过变压器、输电线路与无限大容量母线连接而且不计各元件的电阻和导纳的输电系统。

对于简单系统,若发电机至系统 d 轴和 q 轴的总电抗分别为 $X_{d\Sigma}$ 和 $X_{q\Sigma}$,则发电机的功率特性为

$$P_{EQ} = \frac{E_q U}{X_{d\Sigma}} \sin \delta + \frac{U^2}{2} \times \frac{X_{d\Sigma} - X_{q\Sigma}}{X_{d\Sigma} \cdot X_{q\Sigma}} \sin 2\delta \tag{8-1}$$

式中,E_Q 为发电机电势(V);δ 为功率角(°);U 为发电机机端电压。

当发电机装有励磁调节器时,发电机的电势 E_Q 随运行情况而变化。根据一般励磁调节器的性能,可认为保持发电机的暂态电势 E'_Q(或 E')恒定。这时发电机的功率特性可表示为

$$P'_{EQ} = \frac{E'_Q U}{X'_{d\Sigma}} \sin \delta + \frac{U^2}{2} \times \frac{X'_{d\Sigma} - X_{q\Sigma}}{X'_{d\Sigma} \cdot X_{q\Sigma}} \sin 2\delta \tag{8-2}$$

或

$$P'_E = \frac{E'_Q U}{X'_{d\Sigma}} \sin \delta' \tag{8-3}$$

这时的功率极限为

$$P'_{Em} = \frac{E' U}{X_{d\Sigma}} \tag{8-4}$$

8.2 无调节励磁时功率特性和功率极限的测定实验

8.2.1 实验目的

(1)初步掌握电力系统物理模拟实验的基本方法。

(2)掌握功率测定的方法。

8.2.2 实验原理与说明

从简单电力系统功率极限的表达式看,提高功率极限可以通过发电机装设性能良好的励磁调节器以提高发电机电势、增加并联运行线路回路数或串联电容补偿等手段以减少系统电抗、受端系统维持较高的运行电压水平或输电线采用中继同步调相机或中继电力系统以稳定系统中继点电压等手段实现。

8.2.3 实验内容与步骤

8.2.3.1 网络结构变化对系统静态稳定性的影响

在相同的运行条件下(即系统电压 U_x、发电机电势 E_Q 保持不变,即并网前 $U_x = E_Q$),测定输电线单回路和双回路运行时,发电机的功率角特性曲线、功率极限值和达到功率极限时的功率角值。同时,观察并记录系统中其他运行参数(如发电机机端电压等)的变化。将两种情况下的结果加以比较,并进行分析。

实验步骤如下:

(1)将实验电路设为单回路输电线路。

(2)发电机与系统并列后,调节发电机使其输出的有功功率和无功功率为零。

(3)将功率角指示器调零。

(4)逐步调节功率角指示器,使之从 0°增加到 70°。

(5)观察并记录系统中运行参数的变化,填入表 8-1 中。

(6)将输电线路改为双回路,重复上述步骤,将实验数据填入表 8-2 中。

表 8-1　单回路运行时功率特性和功率极限的测试数据记录(并网前 $U_x = E_Q$)

δ	0°	10°	20°	30°	40°	50°	60°	70°
$P(\text{kW})$								
$Q(\text{kVar})$								
$I_A(\text{A})$								
$I_{fd}(\text{A})$								
$U_Z(\text{V})$								
$U_F(\text{V})$								

表 8-2   双回路运行时功率特性和功率极限的测试数据记录(并网前 $U_X = E_Q$)

δ	$0°$	$10°$	$20°$	$30°$	$40°$	$50°$	$60°$	$70°$
$P(\text{kW})$								
$Q(\text{kVar})$								
$I_A(\text{A})$								
$I_{fd}(\text{A})$								
$U_Z(\text{V})$								
$U_F(\text{V})$								

注意事项如下:

(1)有功功率应缓慢调节,每次调节后,需等待一段时间,观察系统是否稳定,以取得准确的测量数值。

(2)当系统失稳时,减小原动机出力,使发电机拉入同步状态。

8.2.3.2   在同一接线及相同的系统电压下,测定发电机电势 E_Q 不同时($E_Q < U_X$ 或 $E_Q > U_X$)发电机的功率角特性曲线和功率极限

实验步骤如下:

(1)将实验电路设为单回路输电线路,并网前 $E_Q < U_X$。

(2)发电机与系统并列后,调节发电机使其输出的有功功率为零。

(3)逐步调节功率角指示器,使之从 $0°$ 增加到 $70°$。

(4)观察并记录系统中运行参数的变化,填入表 8-3 中。

(5)将输电线路改为单回路,并网前 $E_Q > U_X$,重复上述步骤,将实验数据填入表 8-4 中。

表 8-3   单回路运行时功率特性和功率极限的测试数据记录(并网前 $E_Q < U_X$)

δ	$0°$	$10°$	$20°$	$30°$	$40°$	$50°$	$60°$	$70°$
$P(\text{kW})$								
$Q(\text{kVar})$								
$I_A(\text{A})$								
$I_{fd}(\text{A})$								
$U_Z(\text{V})$								
$U_F(\text{V})$								

表 8-4　　单回路运行时功率特性和功率极限的测试数据记录（并网前 $E_Q > U_X$）

δ	$0°$	$10°$	$20°$	$30°$	$40°$	$50°$	$60°$	$70°$
$P(\text{kW})$								
$Q(\text{kVar})$								
$I_A(\text{A})$								
$I_{fd}(\text{A})$								
$U_Z(\text{V})$								
$U_F(\text{V})$								

8.2.4　思考题

（1）功率角指示器的原理是什么？如何调节其零点？当日光灯供电的相发生改变时，所得的功率角值将发生什么变化？

（2）多机系统的输送功率与功率角 δ 的关系和简单系统的功率角特性有什么区别？

8.3　手动调节励磁时功率特性和功率极限的测定实验

8.3.1　实验目的

（1）通过对实验中各种现象的观察，结合所学的理论知识，培养理论结合实际及分析问题的能力。

（2）了解功率特性与功率极限的有关概念。

8.3.2　实验原理与说明

给定初始运行方式，在增加发电机的有功功率输出时，手动调节励磁保持发电机机端电压恒定，测定发电机的功率角特性曲线和功率极限，并与无调节励磁时所得的结果进行比较，分析说明励磁调节对功率特性的影响。

8.3.3　实验内容与步骤

实验步骤如下：

（1）将实验电路设为单回路输电线路。

（2）发电机与系统并列后，使 $P=0$，$Q=0$，$\delta=0°$，校正初始值。

（3）逐步调节功率角指示器，使之从 $0°$ 增加到 $70°$。

（4）观察并记录系统中运行参数的变化，填入表 8-5 和表 8-6 中。

表 8-5　　　　　单回路运行时功率特性和功率极限的测试数据记录

δ	0°	10°	20°	30°	40°	50°	60°	70°
$P(\text{kW})$								
$Q(\text{kVar})$								
$I_A(\text{A})$								
$I_{fd}(\text{A})$								
$U_Z(\text{V})$								
$U_F(\text{V})$								

表 8-6　　　　　双回路运行时功率特性和功率极限的测试数据记录

δ	0°	10°	20°	30°	40°	50°	60°	70°
$P(\text{kW})$								
$Q(\text{kVar})$								
$I_A(\text{A})$								
$I_{fd}(\text{A})$								
$U_Z(\text{V})$								
$U_F(\text{V})$								

8.3.4　思考题

(1)自并励和他励的区别以及各自的特性是什么？

(2)自动励磁调节器对系统静态稳定性有何影响？

8.4　自动调节励磁时功率特性和功率极限的测定实验

8.4.1　实验目的

(1)了解自动调节励磁时功率特性和功率极限与手动调节时有何不同。

(2)掌握功率极限的测定方法。

8.4.2　实验原理与说明

将自动调节励磁装置接入发电机励磁系统,测定功率特性和功率极限,并将结果与无调节励磁和手动调节励磁时的结果比较,分析自动励磁调节器的作用。

8.4.3 实验内容与步骤

8.4.3.1 微机自并励(恒流或恒压控制方式)

实验步骤自拟,将测量结果填入表 8-7 和表 8-8 中。

表 8-7 　　　　　　单回路运行时功率特性和功率极限的测试数据记录

δ	0°	10°	20°	30°	40°	50°	60°	70°
$P(\text{kW})$								
$Q(\text{kVar})$								
$I_{\text{A}}(\text{A})$								
$I_{\text{fd}}(\text{A})$								
$U_{\text{Z}}(\text{V})$								
$U_{\text{F}}(\text{V})$								

表 8-8 　　　　　　双回路运行时功率特性和功率极限的测试数据记录

δ	0°	10°	20°	30°	40°	50°	60°	70°
$P(\text{kW})$								
$Q(\text{kVar})$								
$I_{\text{A}}(\text{A})$								
$I_{\text{fd}}(\text{A})$								
$U_{\text{Z}}(\text{V})$								
$U_{\text{F}}(\text{V})$								

8.4.3.2 微机他励(恒流或恒压控制方式)

实验步骤自拟,将测量结果填入表 8-9 和表 8-10 中。

表 8-9 　　　　　　单回路运行时功率特性和功率极限的测试数据记录

δ	0°	10°	20°	30°	40°	50°	60°	70°
$P(\text{kW})$								
$Q(\text{kVar})$								
$I_{\text{A}}(\text{A})$								
$I_{\text{fd}}(\text{A})$								
$U_{\text{Z}}(\text{V})$								
$U_{\text{F}}(\text{V})$								

表 8-10　　　　　　　双回路运行时功率特性和功率极限的测试数据记录

δ	$0°$	$10°$	$20°$	$30°$	$40°$	$50°$	$60°$	$70°$
$P(\text{kW})$								
$Q(\text{kVar})$								
$I_A(\text{A})$								
$I_{fd}(\text{A})$								
$U_Z(\text{V})$								
$U_F(\text{V})$								

注意事项如下：

(1)调速器处于"停机"状态时,如果"输出零"指示灯不亮,不可开机。

(2)实验结束后,通过励磁调节使无功功率的输出为零,通过调速器调节使有功功率的输出为零,解列之后按下调速器的"停机"按钮使发电机的转速减至零。跳开操作台上的所有开关之后,方可关断操作台上的操作电源开关。

8.4.4　思考题

(1)在实验中,当发电机濒临失步时,应采取哪些挽救措施才能避免发电机失步?

(2)分析、比较各种运行方式下发电机的功率角特性曲线和功率极限。

(3)根据实验装置给出的参数以及实验中的原始运行条件,进行理论计算。将计算结果与实验结果进行比较。

(4)认真整理实验记录,通过实验记录分析的结果对功率极限的原理进行阐述。同时,将理论计算和实验记录进行对比,说明产生误差的原因,并作出 $U_Z(\delta)$、$P(\delta)$、$Q(\delta)$ 的特性曲线,然后对曲线进行描述。

第9章 电力系统暂态稳定实验

电力系统在运行中遭遇的大干扰包括发生各种短路故障、大容量发电机和重要输电设备的投入或切除等。而且,一些干扰发生后,将可能伴随着一系列的操作。例如,故障线路经保护装置和开关的动作而被切除,当有自动重合装置时,可能使故障线路重新投入并在永久性故障下再次被切除。另外,为了使电力系统不失去稳定性或者为了提高系统的稳定性,期间还可能伴随着切除发电机、切除负荷、投入强行励磁、快速关闭气门等强制措施。

9.1 电力系统暂态稳定的基本知识

电力系统暂态稳定问题是指电力系统受到较大的扰动之后,各发电机能否继续保持同步运行的问题。在各种扰动中,以短路故障的扰动最为严重。

正常运行时,发电机的功率特性为:$P_1 = (E_o \times U_o) \times \sin \delta_1 / X_1$。

短路运行时,发电机的功率特性为:$P_2 = (E_o \times U_o) \times \sin \delta_2 / X_2$。

故障切除后,发电机的功率特性为:$P_3 = (E_o \times U_o) \times \sin \delta_3 / X_3$。

对这三个公式进行比较,我们可以知道,功率特性的变化与阻抗和功率角特性有关。而系统保持稳定的条件是切除故障角 $\delta_c < \delta_{max}$,δ_{max} 可由等面积原则计算出来。本章实验就是基于此原理。由于在不同的短路状态下,系统阻抗 X_2 不同,同时切除故障线路不同也使 X_3 不同,δ_{max} 也不同,使对故障切除的时间要求也不同。

同时,在故障发生时及故障切除后通过强励磁增加发电机的电势,使发电机功率特性中的 E_o 增加,使 δ_{max} 增加,相应故障切除的时间也可延长;电力系统发生瞬间单相接地故障较多,发生瞬间单相故障时采用自动重合闸,可使系统进入正常工作状态。这两种方法都有利于提高系统的稳定性。

9.2　短路对电力系统暂态稳定的影响实验

9.2.1　实验目的

（1）通过实验加深学生对电力系统暂态稳定内容的理解，使课堂理论教学与实践结合，提高学生的感性认识。

（2）通过实际操作，学生可从实验中观察到系统失步现象，要掌握正确处理的措施。

9.2.2　实验原理与说明

固定短路地点、短路切除时间和系统运行条件，在发电机经双回路输电线路与"无穷大"电网联网运行时，某一回路发生某种类型短路，经一定时间切除故障后成单回路运行。短路的切除时间在微机保护装置中设定，同时要设定重合闸是否投切。

9.2.3　实验内容与步骤

9.2.3.1　短路类型对暂态稳定的影响

本实验通过对操作台上的"短路选择"按钮的组合可进行单相接地短路、两相相间短路、两相接地短路和三相短路实验。分别将实验结果填入表 9-1 至表 9-4 中（表中 $QF_1 \sim QF_6$ 为 6 个开关，P_{max} 为系统稳定时可以输出的最大功率）。

表 9-1　　不同接线方式下单相接地短路的测试结果（短路切除时间 $t=0.5$ s）

QF_1	QF_2	QF_3	QF_4	QF_5	QF_6	P_{max}（W）	最大短路电流（A）
1	1	1	1	0	1		
0	1	0	1	0	1		
1	1	0	1	1	1		
0	1	1	1	1	1		

注：0 表示对应线路开关处于断开状态，1 表示对应线路开关处于闭合状态。下同。

表 9-2　　不同接线方式下两相相间短路的测试结果（短路切除时间 $t=0.5$ s）

QF_1	QF_2	QF_3	QF_4	QF_5	QF_6	P_{max}（W）	最大短路电流（A）
1	1	1	1	0	1		
0	1	0	1	0	1		
1	1	0	1	1	1		
0	1	1	1	1	1		

表 9-3 　　　　不同接线方式下两相接地短路的测试结果（短路切除时间 $t=0.5$ s）

QF$_1$	QF$_2$	QF$_3$	QF$_4$	QF$_5$	QF$_6$	P_{max}（W）	最大短路电流（A）
1	1	1	1	0	1		
0	1	0	1	0	1		
1	1	0	1	1	1		
0	1	1	1	1	1		

表 9-4 　　　　不同接线方式下三相短路的测试结果（短路切除时间 $t=0.5$ s）

QF$_1$	QF$_2$	QF$_3$	QF$_4$	QF$_5$	QF$_6$	P_{max}（W）	最大短路电流（A）
1	1	1	1	0	1		
0	1	0	1	0	1		
1	1	0	1	1	1		
0	1	1	1	1	1		

在"手动励磁"方式下通过调速器的"增（减）速"按钮调节发电机向电网的出力，测定在不同短路状态下运行时保持系统稳定时发电机所能输出的最大功率，并进行比较，分析不同故障类型对暂态稳定的影响。将实验结果与理论分析结果进行比较并分析。在实验过程中，注意观察有功功率表的读数，当系统处于振荡临界状态时，记录有功功率表的读数。最大电流可以从 YHB-Ⅲ型微机保护装置读出。具体显示为：

GL-×××：三相过流值

GA-×××：A 相过流值

GB-×××：B 相过流值

GC-×××：C 相过流值

微机保护装置的整定值代码如下：

01：过流保护动作延迟时间

02：重合闸动作延迟时间

03：过电流整定值

04：过流保护投切选择

05：重合闸投切选择

另外，短路时间 T_D 由面板上的"短路时间"继电器整定，具体整定参数见表 9-5。

表 9-5 　　　　　　　　　微机保护装置的整定参数

整定值代码	01	02	03	04	05	T_D(s)
整定值	0.5(s)	/	5.00(A)	ON	OFF	1.0

微机保护装置的整定方法如下：按压"画面切换"按键，当数码管显示［PA- ］时，按压触摸按键"＋"或"－"输入密码，待密码输入后，按下按键"▲"，如果输入的密码正确，就

会进入"整定值修改"画面。进入"整定值修改"画面后,通过按键"▲""▼"先选择 01 整定项目,再按压触摸按键"＋"或"－"选择保护时间(s);通过按键"▲""▼"选择 03 整定项目,再按压触摸按键"＋"或"－"选择过电流保护值;通过按键"▲""▼"选择 04 整定项目,再按压触摸按键"＋"或"－"选择过电流保护投切为 ON;通过按键"▲""▼"选择 05 整定项目,再按压触摸按键"＋"或"－"选择重合闸投切为 OFF。(详细操作方法参见《WDT-Ⅲ型综合自动化实验台使用说明书》)

9.2.3.2　故障切除时间对暂态稳定的影响

固定短路地点、短路类型和系统运行条件,通过调速器的"增速"按钮增加发电机向电网的出力,测定在不同故障切除时间、不同故障接线方式下保持系统稳定时发电机所能输出的最大功率,分析故障切除时间对暂态稳定的影响。将实验结果填入表 9-6 中。

一次接线方式可以为:$QF_1=1$,$QF_2=1$,$QF_3=1$,$QF_4=1$,$QF_5=0$,$QF_6=1$。也可以采用如下的接线方式:$QF_1=0$,$QF_2=1$,$QF_3=1$,$QF_4=1$,$QF_5=1$,$QF_6=1$;$QF_1=1$,$QF_2=1$,$QF_3=0$,$QF_4=1$,$QF_5=1$,$QF_6=1$。

表 9-6　　　　　　　　故障切除时间对暂态稳定影响的数据记录

过流保护动作时间(s)	P_{max}(W)	最大短路电流 I_{dl}(A)
0.5		
1.0		
1.5		

9.2.4　思考题

(1)整理在不同短路类型下获得的实验数据,通过对比,对不同短路类型进行定性分析,详细说明不同短路类型和短路点对系统稳定性的影响。

(2)不同短路状态对系统阻抗产生影响的机理是什么?

9.3　研究提高暂态稳定的措施实验

9.3.1　实验目的

(1)掌握提高暂态稳定的措施。

(2)掌握暂态稳定的有关概念。

9.3.2　实验原理与说明

通过调速器的"增(减)速"按钮调节发电机向电网的出力,观察它对提高暂态稳定的作用。

9.3.3 实验内容与步骤

9.3.3.1 强行励磁

在微机励磁方式下发生短路故障后,微机将自动投入强励以提高发电机电势。观察它对提高暂态稳定的作用。

9.3.3.2 单相重合闸

电力系统的故障大多数是送电线路(特别是架空线路)的"瞬时性"故障,除此之外,也有"永久性故障"。在电力系统中采用重合闸的技术经济效果,主要可归纳如下:①提高供电可靠性;②提高电力系统并列运行的稳定性;③对继电保护误动作而引起的误跳闸,也能起到纠正的作用。

对于瞬时性故障,微机保护装置切除故障线路后,经过延时一定时间将自动重合原线路,从而恢复全相供电,提高了故障切除后的供电可靠性。同样,通过对操作台上的"短路"按钮组合,可以选择不同的故障相。

其故障的切除时间在微机保护装置中进行修改,同时要设定进行重合闸投切,并设定其重合闸时间。其操作步骤与9.2节不同的是在选择05整定项目时,按压触摸按键"+"或"-"选择投合闸投切ON;在选择02整定项目时,按压触摸按键"+"或"-"设定重合闸动作延时时间(见表9-7)。瞬时故障时间由操作台上的短路时间继电器设定:当瞬时故障时间小于保护动作时间时,保护不会动作;当瞬时故障时间大于保护动作时间而小于重合闸时间时,能保证重合闸成功;当瞬时故障时间大于重合闸时间时,重合闸后则认为线路为永久性故障从而加速跳开整条线路。

表 9-7 提高暂态稳定的实验参数

整定值代码	01	02	03	04	05	$T_D(s)$
保护不动作	0.2	1.5	5.00	ON	ON	0.1
重合闸	0.2	1.5	5.00	ON	ON	1.0
永久性故障	0.2	1.5	5.00	ON	ON	3.0

9.3.3.3 异步运行和再同步的研究

(1)在发电机稳定异步运行时,观察并分析原动机功率、发电机的转差、振荡周期及各表的读数变化的特点。

(2)在不切除发电机的情况下,研究调节原动机功率、发电机励磁对振荡周期、发电机转差的影响,并牵入再同步。

9.3.3.4 注意事项

(1)在做单相重合闸实验时,进行单相故障操作的时间应该在接触器合闸10 s之后进行,否则,在故障发生时会跳三相,微机保护装置会显示"GL-×××",且不会进行重合闸操作。

(2)实验结束后,通过励磁装置使无功功率减至零,通过调速器使有功功率减至零,解列之后按下调速器的"停机"按钮使发电机的转速减至零。跳开操作台上的所有开关之后,方可关断操作台上的电源关断开关,并断开其他电源开关。

(3)对失步处理的方法如下:通过励磁调节器的"增磁"按钮,使发电机的电压增大;若系统未处于短路状态,且线路有处于断开状态的,可并入该线路减小系统阻抗;通过调速器的"减速"按钮减小原动机的输入功率。

9.3.4 思考题

(1)提高电力系统暂态稳定的措施有哪些?

(2)通过在实验中观察到的现象,说明两种提高暂态稳定的措施对系统稳定性的作用机理。

(3)对失步处理的理论根据是什么?

(4)自动重合闸装置对系统暂态稳定的影响是什么?

第 10 章　单机带负荷实验

单机带负荷运行方式与单机—无穷大系统运行方式有着截然不同的概念。单机—无穷大系统在稳定运行时,发电机的频率与无穷大频率一样,它受大系统的频率牵制,随着系统的频率变化而变化,发电机的容量只占无穷大系统容量的很小一部分。而单机带负荷是一个独立电力网,发电机是唯一电源,任何负荷的投切都会引起发电机的频率和电压变化(原动机的调速器、发电机的励磁调节器均为有差调节)。此时,也可以通过二次调节将发电机的频率和电压调至额定值。学生可以通过理论计算和实验分析,比较独立电力网与大电力系统的稳定问题。

10.1　单机带负荷实验的基本知识

在停电的状态下,在原有实验台的基础上,将无穷大电源更换成感性负荷,即将调压器副方电缆解开,接上电流大于 5 A 的三相可调电阻,如图 10-1 所示。

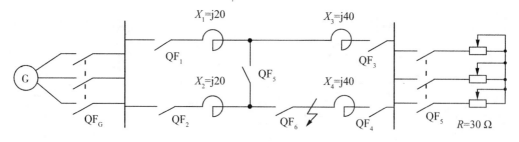

图 10-1　单机带负荷的接线

10.2 测定不同性质的负荷对发电机的 电压、频率的影响实验

10.2.1 实验目的

(1)了解和掌握单机带负荷运行方式的特点。

(2)了解在单机带负荷运行方式下原动机的转速和功率角与在单机—无穷大系统方式下有什么不同。

(3)通过独立电力网与大电力系统的比较实验,进一步理解系统稳定的概念。

10.2.2 实验原理与说明

在做实验时,可调电阻 R 的值不应小于 $30\ \Omega$,以免电流过大而危及设备的安全。图 10-1 所示线路中的阻抗值在实验台中有不同的抽头,是可以改变的。

10.2.3 实验内容与步骤

测定不同性质的负荷对发电机的电压、频率的影响并计算出调差系数的实验步骤如下:

(1)调速器面板上的启动方式选择"微机自动"方式,启动机组到额定转速。

(2)合上发电机开关。

(3)选择所需要的励磁方式后,发电机开始建压。

(4)选择不同的接线方式(见表 10-1)和负荷 R(R 分别为 $60\ \Omega$、$45\ \Omega$ 和 $30\ \Omega$)的大小进行实验,分别将实验数据填入表 10-2、表 10-3 和表 10-4 中。

表 10-1　　　　　　　　　　四种不同接线方式

	QF_1	QF_2	QF_3	QF_4	QF_5	QF_6
接线方式 1	1	0	1	0	0	0
接线方式 2	1	1	1	0	1	0
接线方式 3	1	0	1	1	0	1
接线方式 4	1	1	1	1	0	1

表 10-2　　　　　　　单机带负荷实验数据记录($R=60\ \Omega$)

	$U(V)$	$I(A)$	$P(kW)$	$Q(kVar)$	$\cos \varphi$	$n(r/min)$
接线方式 1						
接线方式 2						
接线方式 3						
接线方式 4						

表 10-3　　　　　　　　单机单负荷实验数据记录($R=45\ \Omega$)

	$U(V)$	$I(A)$	$P(kW)$	$Q(kVar)$	$\cos\varphi$	$n(r/min)$
接线方式 1						
接线方式 2						
接线方式 3						
接线方式 4						

表 10-4　　　　　　　　单机带负荷实验数据记录($R=30\ \Omega$)

	$U(V)$	$I(A)$	$P(kW)$	$Q(kVar)$	$\cos\varphi$	$n(r/min)$
接线方式 1						
接线方式 2						
接线方式 3						
接线方式 4						

10.2.4　思考题

(1)通过改变不同的线路运行方式及负荷 R 的大小,得出有功功率、无功功率、功率因数,计算并分析实验结果。

(2)根据负荷大小不同时转速的不同,绘出转速和有功功率的关系曲线,计算出原动机的调差系数。

(3)在负荷相同时,调速器在不同的运行方式下转速有什么不同? 为什么?

(4)单机带负荷与单机—无穷大系统有什么不同?

(5)在单机带负荷方式下,在相同的负荷条件下,调速器在手动方式和自动方式时转速有何不同? 为什么?

(6)做实验时,发电机没有电压为什么可以先合上发电机开关?

第11章 复杂电力系统运行方式实验

11.1 复杂电力系统运行方式的基本知识

现代电力系统的电压等级越来越高,系统容量越来越大,网络结构也越来越复杂。仅用单机—无穷大系统模型来研究电力系统,不能全面反映电力系统的物理特性,如网络结构的变化、潮流分布、多台发电机并列运行等。

多机系统网络由1台相当于电力系统调度中心的"PS-5G型电力系统微机监控实验台"、5台相当于发电厂的"WDT-Ⅲ型电力系统综合自动化实验台"、6条输电线路和3组可变功率大小和性质的负荷组成。整个一次系统构成一个可变的多机环形电力网络,便于进行理论计算和实验分析。多机系统的网络结构如图11-1所示。

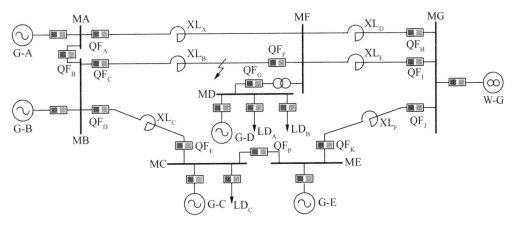

图 11-1 多机系统的网络结构

此电力网是具有多个节点的环形电力网,通过投切线路,能灵活地改变接线方式。例如:若切除线路 XL_C,则电力网将变成一个辐射形网络;若切除线路 XL_F,则 G-C、G-E 要经过长距离线路向系统输送功率;若线路 XL_C、XL_F 都断开,则电力网将变成 T 型网络;等等。在不改变网络主结构的前提下,可以通过分别改变发电机的有功功率、无功功率来改变潮流的分布,也可以通过投、切负荷来改变电力网潮流的分布,还可以通过将双回路线改为单回路线输送或调整无穷大母线电压来改变电力网潮流的分布。

11.2 网络结构变化对系统潮流的影响实验

11.2.1 实验目的

(1)了解和掌握系统在对称稳定情况下,输电系统的网络结构和各种运行状态与运行参数值的变化范围。

(2)通过理论计算和实验分析,掌握电力系统潮流分布的概念。

11.2.2 实验原理与说明

在不同的网络结构前提下,针对线路 XL_B 的三相故障,可进行故障计算和分析实验,此时,当线路故障时,其两端的线路开关 QF_C、QF_F 跳开(开关跳闸时间可整定)。

11.2.3 实验内容与步骤

在相同的运行条件下,即各发电机的运行参数保持不变,改变网络结构,观察并记录系统中运行参数的变化,并将结果加以比较和分析。

实验开始阶段,在仅有无穷大系统的状态下(各发电机均不并网),改变各开关的开断,观察潮流的大小和流向变化,并进行解释。

通过开关的闭合与断开,改变线路的接入方式,可以改变网络的结构。在不同的网络结构下,观察负载(通过负载 LD_A、LD_B、LD_C 对应的开关控制)在不同的接入状态时,潮流大小和方向的变化。

实验方案示例:

第一步,投入无穷大电源,闭合开关 QF_C、QF_D、QF_E、QF_F、QF_I、QF_J、QF_K、QF_P、QF_G,观察潮流的大小及方向。

第二步,闭合负载 LD_B 的开关,观察潮流的变化情况。

第三步,闭合负载 LD_A 的开关并观察。随后闭合负载 LD_C 的开关,观察潮流是否发生变化。

第四步,闭合开关 QF_A、QF_B、QF_H 并观察潮流的变化。

第五步,断开负载 LD_B 的开关,随后断开负载 LD_C 的开关,并观察潮流是否发生变化。

同学们可自己设计其他的实验方案,并记录相关数据。

11.2.4 思考题

整理实验数据,分析网络结构的变化对潮流分布的影响,并对实验结果进行理论分析。

11.3 投、切负荷对系统潮流的影响实验

11.3.1 实验目的

(1)加深对电力系统暂态稳定内容的理解。

(2)将课堂理论与实践相结合,提高感性认识。

11.3.2 实验原理与说明

电力系统是由许多发电厂、输电线路和各种形式的负荷组成的,在正常运行过程中,它们绝大多数时间都处于正常运行状态。此时,发电机发出的有功功率、无功功率和负荷取用的有功功率、无功功率以及功率损耗之间达到一种动态平衡;系统的频率也保持在一定的范围内;各支路潮流都没有超过发热极限值和运行稳定极限值。由于电力系统的负荷在随时随地地变化,因此电力系统的出力也随负荷的变化而变化,母线电压和输电线路的潮流也相应地发生变化。

11.3.3 实验内容与步骤

在相同的网络结构下,各发电机向系统输送一定的负荷,投入各地方负荷 LD_A、LD_B 和 LD_C。观察并记录系统中运行参数的变化并将结果加以分析和比较。

网络结构和各发电机输出功率的大小由同学们自己设计,并记录下各开关的状态,将数据填入表 11-1 中。观察潮流的变化情况并记录相关数据。

表 11-1　　　　　　　　投、切负荷对系统潮流影响的实验数据记录

	G-A	G-B	G-C	G-D	G-E	MC	MD
$U(\text{V})$							
$I(\text{A})$							
$P(\text{kW})$							
$Q(\text{kVar})$							
$\cos\varphi$							

注:LD_A 负荷的性质可以通过台后三刀三掷开关切换,即可在纯电阻负荷、感性负荷和纯电感负荷之间切换。

11.3.4 思考题

整理实验数据,分析地方负荷投、切对潮流分布的影响,并对实验结果进行理论分析。

第12章　电力系统调度自动化实验

12.1　电力系统调度自动化的基本知识

电力系统是由许多发电厂、输电线路和各种形式的负荷组成的。由于元件数量大，接线复杂，因而大大增加了分析和计算的复杂性。电力系统的调度和通信中心担负着整个电力网的调度任务，以实现电力系统的安全优质和经济运行为目标。

微机监控实验台对电力网的输电线路、联络变压器、负荷全采用了微机型的标准电力监测仪，可以现地显示各支路的所有电气量。开关量的输入、输出则通过可编程控制器来实现控制，并且各监测仪和 PLC 通过 RS-485 通信口与上位机相连，实时显示电力系统的运行状况。

所有常规监视和操作除在现地进行外，均可以在远方的监控系统上完成，计算机屏幕显示整个电力系统的主接线的开关状态和潮流分布，通过画面切换可以显示每台发电机的运行状况，包括励磁电流、励磁电压。通过鼠标的操作，可远方投、切线路或负荷，还可以增、减有功或无功功率，实现电力系统自动化的遥测、遥信、遥控、遥调等功能。运行中可以打印实验接线图、潮流分布图、报警信息、数据表格以及历史记录等。

12.2　电力系统调度自动化实验

12.2.1　实验目的

(1)了解电力系统自动化的遥测、遥信、遥控、遥调等功能。
(2)了解电力系统调度的自动化。

12.2.2　实验原理与说明

"电力系统微机监控实验台"相当于电力系统的调度和通信中心，它可对 5 个发电厂的安全、合理分配和经济运行进行调度,也可对电力网的有功功率进行频率调整,还可对电力网无功功率的合理补偿和分配进行电压调整。

12.2.3 实验内容与步骤

(1)在发电机 G-A 与系统并列的状态下,改变各开关的开断和 G-A 输出功率的大小(通过改变 G-A 的转速实现),观察潮流的大小和流向变化,并进行解释。

该实验方法与 11.2 节的实验方法基本相同,但需要特别注意,发电机 G-A 与系统并列运行时,必须要保证发电机 G-A 与无穷大系统间至少有一条通路连接,防止出现 G-A 与无穷大系统解列的发生。在实验过程中,不可操作发电机 G-A 实验台上的系统开关,否则将导致短路事故。在实验完成后需要解列发电机时,应先调节发电机的转速,使发电机输出的有功功率降为零后,方可将发电机解列。

在实验中,发电机 G-A 的启动过程建议采用自动调节方式调节转速,但欲通过改变发电机的转速实现输出功率的调节时,需要将调节方式切换至手动调节。在切换过程中,应先调节手动调节旋钮,使调节处于手动与自动调节的临界状态(轻微调节旋钮,则"调节"指示灯在手动与自动调节间切换的状态),方可将调节方式切换至手动调节。

观察潮流的变化情况并记录相关数据。

(2)进行电力网的电压和功率分布实验。

(3)进行电力系统的有功功率平衡和频率调整实验

(4)进行电力系统的无功功率平衡和电压调整实验。

请同学们自己设计实验方案,拟定实验步骤以及实验数据表格。

12.2.4 思考题

(1)电力系统无功功率补偿的措施有哪些? 为了保证电压质量,可采取哪些调压手段?

(2)何谓发电机的一次调频、二次调频?

(3)电力系统经济运行的基本要求是什么?

第13章　智能电网分析与设计实验

13.1　智能电网介绍

13.1.1　智能电网的定义

智能电网并没有一个确定的概念,各个领域的专家从不同角度阐述了智能电网的内涵,并且随着研究和实践的深入不断对其细化。

美国能源部将智能电网定义为一个完全自动化的电力传输网络,能够监视和控制每个用户和电网节点,保证从电厂到终端用户整个输配电过程中所有节点之间的信息和电能的双向流动。中国物联网校企联盟指出:智能电网由很多部分组成,包括智能变电站、智能配电网、智能电能表、智能交互终端、智能调度、智能家电、智能用电楼宇、智能城市用电、智能发电系统和新型储能系统。欧洲技术论坛将智能电网定义为一个可整合所有连接到电网用户所有行为的电力传输网络,以有效提供持续、经济和安全的电力。国家电网中国电力科学研究院对智能电网给出了这样的定义:以物理电网为基础(中国的智能电网以特高压电网为骨干网架、各电压等级电网协调发展的坚强电网为基础),将现代先进的传感测量技术、通信技术、信息技术、计算机技术和控制技术与物理电网高度集成而形成的新型电网。它以充分满足用户对电力的需求和优化资源配置,确保电力供应的安全性、可靠性和经济性,满足环保约束,保证电能质量,适应电力市场化发展等为目的,实现对用户可靠、经济、清洁、互动的电力供应和增值服务。

13.1.2　智能电网的特征

智能电网是以物理电网为基础,建立在集成的、高速双向通信网络上,将现代先进的传感测量技术、通信技术、信息技术、计算机技术和控制技术与物理电网高度集成而形成的新型电网,其内涵是实现电网的信息化、数字化、自动化和互动化。智能电网是一种智能化的未来电力系统,其组成要素通过智能通信系统互联。智能电网的出现可为电力供应单位和电力消费者带来巨大的效益。

一般来说,智能电网有以下主要特征:

13.1.2.1 自愈

智能电网可对电网运行状态进行连续的在线自我评估,并采取预防性控制手段及时发现、快速诊断并消除故障隐患;当发生故障时,在没有或有少量人工干预下,能快速隔离故障,自我恢复,避免造成大面积停电事故。

13.1.2.2 互动

智能电网可使电力系统运行与批发、零售电力市场实现无缝衔接,支持电力市场交易的有效开展,实现资源的优化配置,同时通过市场交易更好地激励电力市场主体参与电网安全管理,从而提升电力系统的安全运行水平,实现与客户的智能互动,以最佳的电能质量和供电可靠性满足客户需求。

13.1.2.3 坚强

未来的智能电网安全是首要问题,整个系统应确保一定的集成和平衡,必须具有组织、探测、响应和自动恢复人为破坏的能力。智能电网要能够抵御物理和信息两类攻击,必须做到:通过掩藏、分散、消除或者减少单点故障来减小攻击的威胁;通过保护关键资产免受物理和信息攻击,以减小电网的弱点;通过恢复核心电力组件来尽量减小攻击造成的影响。

13.1.2.4 兼容各种发电和储能系统

智能电网不仅能够兼容集中式的大容量电厂,还能兼容不断增加的分布式能源。分布式能源将是多样的、广泛分布的,包括可再生能源、分布式电源和储能。它既能适应大电源的集中接入,也支持分布式发电方式的友好接入以及可再生能源的大规模应用,满足电力与自然环境、社会经济和谐发展的要求。

13.1.2.5 优质电能供应

智能电网能够减小由输配电元件以及闪电、开关浪涌、线路故障、谐波源等问题引起的电能质量扰动,它将应用高级的控制方法检测重要组件,实现电能质量问题的快速诊断和周密解决。在数字化高科技占主导的经济模式下,智能电网将多种高级技术和先进设备适用于每一个层次的电力生产和输送环节上,为用户提供优质的电能和不同电压等级、不同时段的实时电价。

13.1.2.6 优化资源配置

智能电网能优化资源配置,提高设备传输容量和利用率;能在不同区域间进行及时调度,平衡电力供应缺口;支持电力市场竞争的要求,实行动态的浮动电价制度,实现整个电力系统优化运行。通过流程的不断优化、信息整合,实现企业管理、生产管理、调度自动化与电力市场管理业务的集成,形成全面的辅助决策支持体系,支撑企业管理的规范化,不断提升电力企业的管理效益。

13.1.2.7 活跃市场

未来的电力计划和使用将基于批发和零售模式,建立完全开放的自由市场,实现完全的商业化运行。经济约束的选择将驱使电网更加可靠,并使电力公司与用户之间用新的服务模式来进一步满足电力市场参与者的需求。

13.1.2.8　信息集成

智能电网能实现包括监视、控制、维护、能量管理、配电管理、市场运营、企业资源规划等和其他各类信息系统之间的综合集成，并实现在此基础上的业务集成。

13.2　一次系统搭建实验

13.2.1　实验目的

(1)加深理解一次系统的结构组成，掌握搭建电力系统模型的方法。
(2)掌握各一次设备在电力系统中的作用，并对一次系统进行分析。
(3)观察、分析有关波形。

13.2.2　实验原理与说明

实验平台采用低电压等级来模拟实际电力系统中的高电压等级，等级对照如表 13-1 所示。

表 13-1　　　　　　　　　电压等级对照

平台电压等级	实际电压等级
24 V	500 kV
12 V	110 kV
6 V	10 kV

电力系统模型由发电设备、变压器、线路、负载四个模块构成。
(1)发电设备模块由三相 380 V 市电来提供。
(2)变压器模块采用 380 V/24 V、24 V/12 V、12 V/6 V 三种不同变比的变压器进行电能的传输和电压等级的变换。
(3)线路模块采用标幺值相等的方法分别将线路中的 500 kV、110 kV、10 kV 用 24 V、12 V 和 6 V 的线路模型进行 Ⅱ 型等效电路计算，且用模块化思想来模拟不同长度的实际线路，测量线路损耗和始、末端电压。
(4)负载模块采用可变电阻、电灯等消耗电能的设备。

用一次设备的各个模块搭建电力系统模型，并测量各处电压、电流，加深理解电力系统一次设备的基本原理。图 13-1 所示为一次设备各个模块的接线示意图。

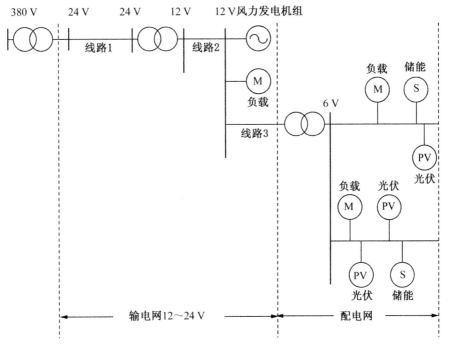

图 13-1　一次设备各个模块的接线示意图

13.2.3　实验内容与步骤

13.2.3.1　一次系统的分析

根据基尔霍夫电压、电流定律以及欧姆定律,对图 13-2 中的电压、电流进行分析,并定性分析电压、电流之间的关系。

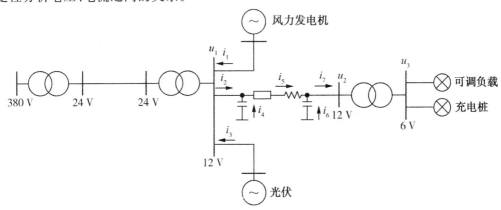

图 13-2　一次系统分析示意图

13.2.3.2　一次设备的接线及测量

实验用一次设备各模块的接线如图 13-3 所示。接线时,注意将空气开关 QF 断开,用万用表测量 380 V/24 V 变压器始端是否有电压,确认没有电压之后,方可开始接线,以保证人身安全。

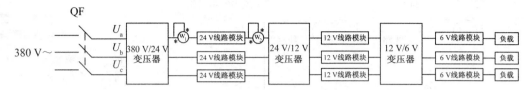

图 13-3　一次设备各模块的接线

当一次设备各模块接好线,确认无误之后,闭合空气开关 QF₁,用万用表测量 380 V/24 V、24 V/12 V、12 V/6 V 三个变压器处始、末端电压降落,将结果记录在表 13-2 中。

表 13-2　　　　　　　　　　变压器始、末端电压数据记录

变压器	U_a 始端	U_b 始端	U_c 始端	U_a 末端	U_b 末端	U_c 末端
380 V/24 V						
24 V/12 V						
12 V/6 V						

读取 W₁、W₂ 两功率表的读数,并将结果记录在表 13-3 中;然后将两功率表分别接在 12 V 线路模块和 6 V 线路模块两端,测量线路模块两端损耗,并将结果记录在表13-3中。

表 13-3　　　　　　　　　线路两侧功率表的读数记录

线路	W₁	W₂
24 V 线路模块		
12 V 线路模块		
6 V 线路模块		

计算出各个线路模块的功率损耗后,将实验数据与原理对照,分析其正确性。采用示波器观测各变压器始、末端电压的波形,记录其频率、幅值和有效值。

13.2.4　思考题

分析一次设备在电力系统中的作用。

13.3　发电机的励磁调节实验

13.3.1　实验目的

(1)加深理解电动机、发电机的原理,掌握电厂发电的模拟方法。

（2）掌握电动机的不同变化模式。

（3）掌握电动机在不同变化模式下，发电机的输出功率特性变化。

13.3.2　实验原理与说明

发电机在实验室环境下采用直流电动机带动永磁三相风力发电机来进行模拟，直流电动机的速度由其中一块电源模块进行控制；另一块电源模块通过调节励磁来控制交流驱动器的输出，调节直流电动机的转速，从而模拟不同的变化模式，进而调节发电机的输出功率。

13.3.3　实验内容与步骤

13.3.3.1　发电模拟系统的接线

发电模拟系统按照图 13-4 进行接线。其中，30 V 供电模块为三相发电机提供控制信号，交流发电机通过 220 V 供电模块供电，将交流输出接在交流电动机电枢两端控制交流电动机的转动。

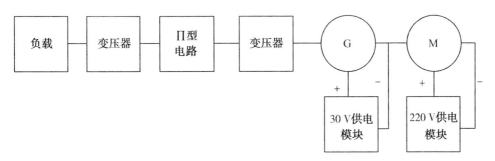

图 13-4　电厂发电模拟系统的接线

13.3.3.2　发电机获得励磁电流的几种方式

1.直流发电机供电的励磁方式

这种励磁方式具有专用的直流发电机，这种专用的直流发电机被称为"直流励磁机"。励磁机一般与发电机同轴，发电机的励磁绕组通过装在大轴上的滑环及固定电刷从励磁机中获得直流电流。这种励磁方式具有励磁电流独立、工作比较可靠和减少自用电消耗量等优点，是过去几十年间发电机的主要励磁方式，具有较成熟的运行经验。其缺点是励磁调节速度较慢，维护工作量大，故在 10 MW 以上的机组中很少采用。

2.交流励磁机供电的励磁方式

现代大容量发电机有的采用交流励磁机提供励磁电流。交流励磁机也装在发电机大轴上，它输出的交流电流经整流后供给发电机转子励磁，此时，发电机的励磁方式属于他励励磁方式。又由于采用的是静止的整流装置，故又称为"他励静止励磁"，交流副励磁机提供励磁电流。交流副励磁机可以是永磁机或者具有自励恒压装置的交流发电机。为了提高励磁调节速度，交流励磁机通常采用 100～200 Hz 的中频发电机，而交流副励磁机则采用400～500 Hz的中频发电机。这种发电机的直流励磁绕组和三相交流绕组都绕在定子槽内,转子只有齿与槽而没有绕组,像个齿轮。因此,它没有电刷、滑环等转动接触部件,具有工作可靠、结构简单、制造工艺方便等优点。缺点是噪声较大,交流电势的谐波分量也较大。

3.无励磁机的励磁方式

在这种励磁方式中,不设置专门的励磁机,而从发电机本身取得励磁电源,经整流后再供给发电机本身励磁,称为"自励式静止励磁"。自励式静止励磁可分为自并励和自复励两种励磁方式。自并励励磁方式通过接在发电机出口的整流变压器取得励磁电流。经整流后供给发电机励磁。这种励磁方式具有结构简单、设备少、投资省和维护工作量少等优点。自复励励磁方式除设有整流变压器外,还设有串联在发电机定子回路的大功率电流互感器。这种互感器的作用是在发生短路时,给发电机提供较大的励磁电流,以弥补整流变压器输出的不足。这种励磁方式具有两种励磁电源,即通过整流变压器获得的电压电源和通过串联变压器获得的电流源。

13.3.3.3　实验步骤

1.供电电压一定时,调节励磁电压

(1)检查设备接线,闭合空气开关。

(2)闭合直流电动机供电电源总开关,闭合励磁电源总开关。

(3)将直流电动机的供电电压调节至45 V,按下"run/stop"按钮,启动直流电动机。

(4)按下励磁供电电源的"run/stop"按钮,逐步调节励磁电压,直到负载电机正常转动(一般为4.5 V左右)。

(5)打开组态王软件和示波器,在直流电机供电电压一定的情况下(一般为45 V),将励磁电压在0～5 V的范围内,以0.5 V为单位,逐步进行调节,记录电压、电流(从组态王软件中读取)和频率(从示波器上读取)。

2.励磁电压一定时,调节供电电压

(1)检查设备接线,闭合空气开关。

(2)闭合直流电动机供电电源总开关,闭合励磁电源总开关。

(3)将直流电动机的供电电压调节至45 V,按下"run/stop"按钮,启动直流电动机。

(4)按下励磁供电电源的"run/stop"按钮,逐步调节励磁电压,直到负载电机正常转动(一般为4.5 V左右)。

(5)打开组态王软件和示波器,在励磁电压一定的情况下(一般为4.5 V),将供电电压在0～70 V的范围内,以10 V为单位,逐步进行调节,记录电压、电流(从组态王软件中读取)和频率(从示波器上读取)。

注意:供电电压的最大调节值在本实验中为70 V,励磁电压的最大调节值为5 V。

将采用不同励磁电压和供电电压的测量结果分别记录在表13-4和表13-5中。

表 13-4　　　　　　　　　　　　供电电压一定时的测量数据记录

次数	励磁电压	三相电压(V)			三相电流(A)			频率(Hz)
		A	B	C	A	B	C	
1								
2								
3								
4								
5								
6								
7								
8								
9								
10								

表 13-5　　　　　　　　　　　　励磁电压一定时的测量数据记录

次数	供电电压	三相电压(V)			三相电流(A)			频率(Hz)
		A	B	C	A	B	C	
1								
2								
3								
4								
5								
6								
7								

13.3.4　思考题

(1)分析直流电动机调速的原理。

(2)用示波器分别测出各部分的频率。

13.4 模拟风力发电的风机调速实验

13.4.1 实验目的

(1)加深理解风力发电机的原理,掌握风力发电机的模拟方法。
(2)掌握模拟风的不同变化模式。
(3)掌握风在不同变化模式下,风力发电机的输出功率特性变化。

13.4.2 实验原理与说明

风力发电机在实验室环境下采用直流电动机带动永磁直驱风力发电机进行模拟,直流电动机的速度由直流驱动器进行控制,PLC 模拟量模块输出 0～5 V 模拟量来控制直流驱动器的输出,调节直流电动机的转速,从而模拟风的不同变化模式,进而调节风力发电机的输出功率。采用 Zigbee 无线传输模式,将直流电能参数传回监控系统。直流测量采用直流测量模块进行,对风力发电机输出的电压进行测量和采集。

13.4.3 实验内容与步骤

13.4.3.1 风力发电模拟系统的接线

风力发电模拟系统按照图 13-5 进行接线。其中,PLC 模拟量扩展模块由 24 V 开关电源提供辅助电源,模拟量输出设置为 0～5 V,则 O0+ 与 O0- 输出的电压数值为 0～5 V,为直流驱动器提供控制信号,直流驱动器通过 220 V 交流电源供电,将直流输出接在直流电动机电枢两端控制直流电动机的转动。

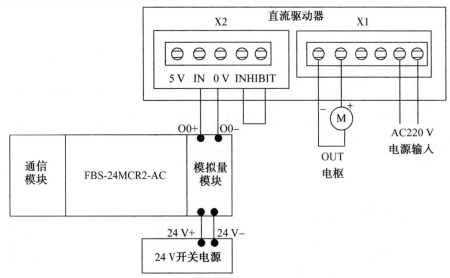

图 13-5 风力发电模拟系统的接线

13.4.3.2　PLC 控制模拟量模块的硬件配置及编程

根据图 13-6 对模拟量模块进行软硬件配置。

图 13-6　模拟量模块软硬件的配置流程

13.4.3.3　模拟量输出模块的配置

如图 13-7 所示,需要将模块插销位置配置为单极性 0～5 V 输出,根据表 13-6 将模块输出设定为单极性,根据表 13-7 将模块设置为 0～5 V 输出。

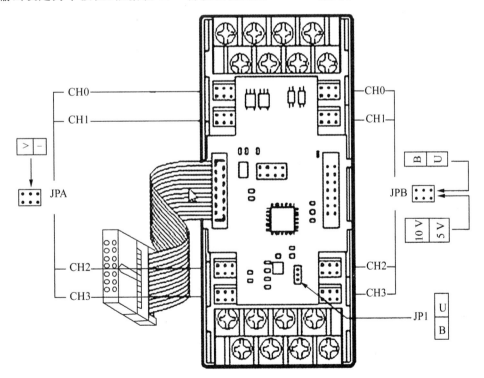

图 13-7　模拟量模块插销位置

表 13-6   输出码格式的选择

输出码格式	JP1 设定	输出值范围	对应输出信号
双极性	JP1 U B	−8193～8191	−10～10 V(−20～20 mA)
			−5～5 V(−20～20 mA)
单极性	JP1 U B	0～16383	0～10 V(0～20 mA)
			0～5 V(0～10 mA)

表 13-7   输出信号类型的设定

信号类型	JPA(电压/电流)设定	JPB(振幅&极性)设定
0~10 V		B U 10 V 5 V
−0~10 V	V I	B U 10 V 5 V
0~10 V		B U 10 V 5 V
−5~5 V		B U 10 V 5 V
0~20 mA		B U 10 V 5 V
−20~20 mA	V I	B U 10 V 5 V
0~10 mA		B U 10 V 5 V
−10~10 mA		B U 10 V 5 V

硬件配置完成后,在 PLC 编程软件中进行梯形图编程,控制模拟量输出模块的输出值。如图 13-8 所示,联机成功后,将 M0 寄存器闭合,改变 R3904 寄存器中的数值,即可控制模拟量的输出范围在 0～5 V 之间变化。

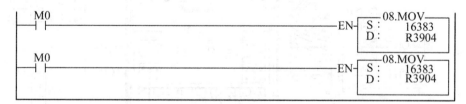

图 13-8 模拟量模块的编程

13.4.3.4 风的不同变化模式

通过软件系统调用算法输出结果来模拟风的不同变化模式,采用算法编程软件进行编程,将结果输出到 MYSQL 数据库中。组态王在数据库中取得的数据通过网口传输到永宏 PLC 中,从而可以控制模拟量模块的输出,进而达到模拟风的不同变化模式。

13.4.3.5　实验步骤

(1)给风机调速模拟系统上电。

(2)打开电脑桌面上的"PLC编程工具"软件,新建一个专案,并将程序键入新建专案中(程序可参考附录)。

(3)检查程序无误后,单击菜单栏中的"PLC"按钮,选择"联机"命令。如果期间弹出对话框,单击"是"按钮。联机完成后,再次单击"PLC"按钮选择"执行"命令。

(4)程序执行后,打开桌面上的"组态王"软件,进入演示平台,选择"风机调速"模型。模型右侧有5个开关按钮,首先单击"总开关"模块上的"1"按钮,使开关M0闭合,闭合后开关按钮显示"open",然后单击"转速骤升"按钮,等待片刻,风机开始转动后,用转速表测量风机转速。(测量三次即可,即分别在初始、中间、结束时刻测量转速,这样能够体现出变化趋势)

两点说明:

(1)开关说明:演示平台的开关与程序里的开关是一一对应的,可以通过查找"数据词典"找到对应关系。可以通过打开"组态王"软件,单击"开发"按钮,在左侧工具栏中找到"数据词典"。

(2)转速表的使用:按下"test"按钮,使可见光束与目标成一条直线,待显示稳定后释放按钮。

13.4.4　思考题

模拟风力发电的风机调速如何实现波动变化?写出风机调速的方法。

附录 A 模拟风力发电的风机调速的程序及指令说明

A.1 部分程序案例

A.1.1 风机骤升程序（见图 A-1）

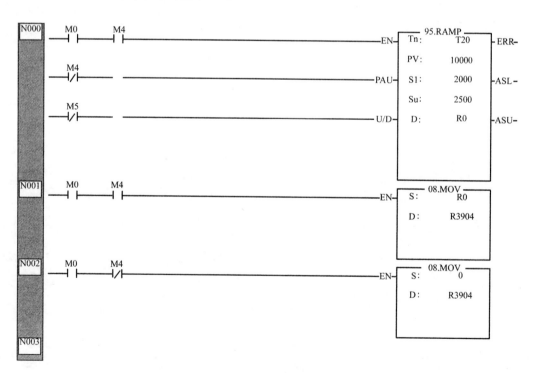

图 A-1 风机骤升程序

A.1.2 风机恒速程序（见图 A-2）

图 A-2 风机恒速程序

A.2 风机调速及无线测量 PLC 梯形图指令说明

A.2.1 搬移控制指令

A.2.1.1 搬移控制指令说明

搬移控制指令如图 A-3 所示。图中：

S：来源数据或其缓存区号码；

D：搬移的目的缓存器号码。

功能简述：当 EN＝1 时，将 S 中的数据搬移到（写入）D 当中去。

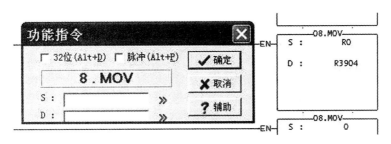

图 A-3 搬移控制指令

A.2.1.2 搬移控制指令程序范例（见图 A-4）

搬移控制指令可实现的功能如图 A-5 所示。其作用为将常数 10 搬移到（写入）R0 寄存器当中去。

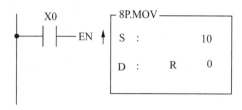

图 A-4 搬移控制指令程序范例

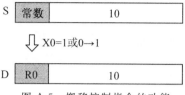

图 A-5 搬移控制指令的功能

A.2.2 输出缓升/缓降指令

A.2.2.1 输出缓升/缓降指令说明

输出缓升/缓降指令如图 A-6 所示。图中：

Tn:缓升/缓降定时器号码；

PV:缓升/缓降定时器设定值(单位为 0.01 s)或每 10 ms 的增减量设定值；

Sl:下限值(缓升的初始值或缓降的最终值)；

Su:上限值(缓降的初始值或缓升的最终值)；

D:缓升/缓降值存放寄存器。

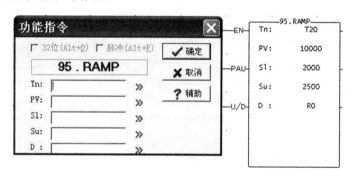

图 A-6 输出缓升/缓降指令

A.2.2.2 详细说明

(1)Tn 务必使用时基为 0.01 s 的定时器,而且程序里不得重复使用。

(2)当 EN 使能时(由低电平变为高电平),首先将定时器复归为 0。

①当 U/D=1 时,表示缓升,将 Sl 的值存入缓升/缓降值存放寄存器 D 当中去,以后每 0.01 s 等比例地增加输出量,并存放到缓存器 D 中,达到上限设定值时,输出值为 Su。

②当 U/D=0 时,表示缓降,过程同理。

(3)Su 的值必须大于 Sl,否则无法执行。

(4)缓升/缓降的决定是在 EN 使能时,其他时间无效,只要输入控制使 EN 使能,即自动完成一次缓升/缓降控制。

以下指令仅作了解。

A.2.3 字节搬移指令

A.2.3.1 指令说明

字节搬移指令如图 A-7 所示。当 EN＝1 或处于上升沿时,将 S 中的第 NS 个字节搬移到 D 中第 Dd 个字节处。

A.2.3.2 字节搬移指令范例(见图 A-8)

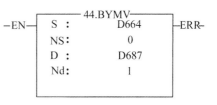

图 A-7 字节搬移指令

● 左图程序范例是将S(由R1R0所构成的32位缓存器)中的第2个字节(即B16~B23)搬移到D(由R3R2所构成的32位缓存器)中的第 1 个字节去,D中的其他字节则保持不变。

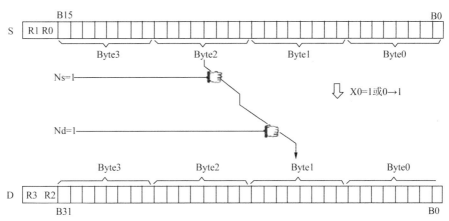

图 A-8 字节搬移指令范例

A.2.4 通信联机便利指令

通信联机便利指令如图 A-9 所示。本指令为 MD0~MD3 通信联机便利指令,客户可以根据自己的需求指定通信模式(MD0~MD3)。图中:

Pt:指定通信接口(1~4);

MD:通信模式选择(MD0~MD3);

SR:存放通信程序起始缓存器;

WR:指令运作起始缓存器。

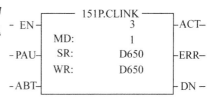

图 A-9 通信联机便利指令

附录 B　PLC 基本指令简介及练习

B.1　PLC 基本指令

表 B-1 中列出了一些 PLC 基本指令。

表 B-1 PLC 基本指令

名称	助记符	目标元件	说明
取指令	LD	X、Y、M、S、T、C	常开触点逻辑运算起始
取反指令	LDI	X、Y、M、S、T、C	常闭触点逻辑运算起始
线圈驱动指令	OUT	Y、M、S、T、C	驱动线圈的输出
与指令	AND	X、Y、M、S、T、C	单个常开触点的串联
与非指令	ANI	X、Y、M、S、T、C	单个常闭触点的串联
或指令	OR	X、Y、M、S、T、C	单个常开触点的并联
或非指令	ORI	X、Y、M、S、T、C	单个常闭触点的并联
或块指令	ORB	无	串联电路块的并联连接
与块指令	ANB	无	并联电路块的串联连接
主控指令	MC	Y、M	公共串联触点的连接
主控复位指令	MCR	Y、M	MC 的复位
置位指令	SET	Y、M、S	使动作保持
复位指令	RST	Y、M、S、D、V、Z、T、C	使操作保持复位
上升沿产生脉冲指令	PLS	Y、M	输入信号上升沿产生脉冲输出
下降沿产生脉冲指令	PLF	Y、M	输入信号下降沿产生脉冲输出
空操作指令	NOP	无	使步序做空操作
程序结束指令	END	无	程序结束

B.2 PLC 基本指令的意义

B.2.1 逻辑取及线圈驱动指令 LD、LDI、OUT

LD 为取指令,表示一个与输入母线相连的常开触点指令,即常开触点逻辑运算起始;LDI 为取反指令,表示一个与输入母线相连的常闭触点指令,即常闭触点逻辑运算起始。LD、LDI 两条指令的目标元件均是 X、Y、M、S、T、C,用于将触点接到母线上。这两条指令也可以与后述的 ANB 指令、ORB 指令配合使用,在分支起点也可以使用。

OUT 为线圈驱动指令,也叫"输出指令"。它的目标元件是 Y、M、S、T、C,对输入继电器不能使用。OUT 指令可以连续使用多次。OUT 指令的目标元件是定时器和计数器时,必须设置常数 K。

LD、LDI 指令都是一个程序步指令,这里的一个程序步即是一个字。OUT 是多程序步指令,要视目标元件而定。

B.2.2 触点串联指令 AND、ANI

AND 为与指令,用于单个常开触点的串联;ANI 为与非指令,用于单个常闭触点的串联。AND、ANI 指令都是一个程序步指令,它们串联触点的个数没有限制,也就是说,这两条指令可以多次重复使用。这两条指令的目标元件均为 X、Y、M、S、T、C。

OUT 指令后,通过触点对其他线图使用 OUT 指令称为"纵输出"或"连续输出"。这种连续输出如果顺序没错,可以多次重复。

B.2.3 触点并联指令 OR、ORI

OR 为或指令,用于单个常开触点的并联;ORI 为或非指令,用于单个常闭触点的并联。OR、ORI 指令都是一个程序步指令,它们的目标元件均是 X、Y、M、S、T、C。这两条指令都是一个触点。OR、ORI 是从该指令的当前步开始,对前面的 LD、LDI 指令并联连接,并联的次数无限制。

B.2.4 串联电路块的并联连接指令 ORB

两个或两个以上的触点串联连接的电路叫作"串联电路块"。串联电路块并联连接时,分支开始用 LD、LDI 指令,分支结束用 ORB 指令。ORB 指令与后述的 ANB 指令均为无目标元件指令,而两条无目标元件指令的步长都为一个程序步。ORB 有时也简称"或块指令"。

ORB 指令的使用方法有两种:一种是在要并联的每个串联电路后加 ORB 指令;另一种是集中使用 ORB 指令。对于前者,并联电路块的个数没有限制,但对于后者,这种电路块并联的个数不能超过 8 个(即重复使用 LD、LDI 指令的次数限制在 8 次以下)。所以不推荐用后者编程。

B.2.5 并联电路块的串联连接指令 ANB

两个或两个以上的触点并联连接的电路称为"并联电路块"。分支电路并联电路块与前面的电路串联连接时,使用 ANB 指令。分支的起点用 LD、LDI 指令,并联电路结束后,使用 ANB 指令与前面的电路串联。ANB 指令也简称"与块指令"。ANB 指令也是无操作目标元件指令,是一个程序步指令。

B.2.6 主控及主控复位指令 MC、MCR

MC 为主控指令,用于公共串连触点的连接;MCR 为主控复位指令,即 MC 的复位指令。在编程时,经常遇到多个线圈同时受到一个或一组触点控制的问题,如果在每个线圈的控制电路中都串入同样的触点,将多占用存储单元。应用主控指令可以解决这一问题。使用主控指令的触点称为"主控触点",它在梯形图中与一般的触点垂直。它们是与母线相连的常开触点,是控制一组电路的总开关。

MC 指令是三个程序步指令,MCR 指令是两个程序步指令。两条指令的操作目标元件均是 Y、M,但不允许使用特殊辅助继电器 M。

B.2.7 置位与复位指令 SET、RST

SET 为置位指令,使动作保持;RST 为复位指令,使操作保持复位。SET 指令的操作目标元件为 Y、M、S,而 RST 指令的操作元件为 Y、M、S、D、V、Z、T、C。这两条指令都是 1~3 个程序步指令。用 RST 指令可以对定时器、计数器、数据寄存器、变址寄存器的内容清零。

B.2.8 脉冲输出指令 PLS、PLF

PLS 指令在输入信号上升沿产生脉冲输出,而 PLF 指令在输入信号下降沿产生脉冲输出。这两条指令都是两个程序步指令,它们的目标元件均是 Y、M,但特殊辅助继电器不能作为目标元件。使用 PLS 指令,元件 Y、M 仅在驱动输入接通后的一个扫描周期内动作(置"1");而使用 PLF 指令,元件 Y、M 仅在驱动输入断开后的一个扫描周期内动作。

使用这两条指令时,要特别注意目标元件。例如,在驱动输入接通时,PLC 由运行到停机再到运行,此时 PLS M0 动作,但 PLS M600(断电时由电池后备的辅助继电器)不动作。这是因为 M600 是特殊保持继电器,即使在断电停机时其动作也能保持。

B.2.9 空操作指令 NOP

NOP 指令是一条无动作、无目标元件的一个程序步指令。空操作指令使该步序做空操作。用 NOP 指令替代已写入指令,可以改变电路。在程序中加入 NOP 指令,在改动或追加程序时可以减少步序号的改变。

B.2.10 程序结束指令 END

END 指令是一条无目标元件的一个程序步指令。PLC 反复进行输入处理、程序运算、输出处理,若在程序最后写入 END 指令,则 END 以后的程序就不再执行,直接进行输出处理。在程序调试过程中,按段插入 END 指令,可以按顺序扩大对各程序段动作的检查。采用 END 指令将程序划分为若干个段,在确认处于前面电路块的动作无误之后,依次删去 END 指令。要注意的是,在执行 END 指令时,也刷新监视时钟。

B.3 PLC 基本指令的编程及练习

B.3.1 PLC 逻辑练习实验

(1)通过程序判断 Y1、Y2、Y3、Y4 的输出状态,然后再输入并运行程序加以验证。PLC 逻辑练习程序如表 B-2 所示。

表 B-2   PLC 逻辑练习程序

步序	指令	器件号	说明	步序	指令	器件号	说明
0	LD	X001	输入	7	ANI	X003	
1	AND	X003	输入	8	OUT	Y003	与非门输出
2	OUT	Y001	与门输出	9	LDI	X001	
3	LD	X001		10	ORI	X003	
4	OR	X003		11	OUT	Y004	或非门输出
5	OUT	Y002	或门输出	12	END		程序结束
6	LDI	X001					

(2)实验说明:在计算机上逐条输入程序,检查无误后,将可编程控制器主机上的"STOP/RUN"按钮拨到 RUN 位置,"运行"指示灯点亮,表明程序开始运行,有关的指示灯将显示运行结果。

拨动输入开关 X1、X3,观察输出指示灯 Y1、Y2、Y3、Y4 是否符合与、或、非逻辑的正确结果。

Xi 为输入点,Yi 为输出点,对应程序中的 X00i 和 Y00i。COM 与+24 V 接口分别与 PLC 主机的 COM 和+24 V 接口相接。

B.3.2 定时器/计数器功能实验

B.3.2.1 定时器的认识实验程序

定时器的控制逻辑是经过时间继电器的延时动作,然后产生控制作用。其控制作用同一般继电器。定时器的认识实验程序如表 B-3 所示。

表 B-3　　　　　　　　　　　　定时器的认识实验程序

步序	指令	器件号	说明
0	LD	X001	输入
1	OUT	T0	延时 5 s
2		K50	
3	LD	T0	
4	OUT	Y000	延时时间到,输出
5	END		程序结束

B.3.2.2　实验说明

在基本指令的编程练习实验区完成本实验,掌握定时器、计数器的正确编程方法,并学会定时器和计数器的扩展方法。

B.3.3　定时器扩展实验

B.3.3.1　定时器扩展实验程序(见表 B-4)

表 B-4　　　　　　　　　　　　定时器扩展实验程序

步序	指令	器件号	说明
0	LD	X001	输入
1	OUT	T0	延时 5 s
2		K50	
3	LD	T0	
4	OUT	T1	延时 3 s
5		K30	
6	LD	T1	
7	OUT	Y000	延时时间到,输出
8	END		程序结束

B.3.3.2　实验说明

PLC 的定时器和计数器都有一定的定时范围和计数范围,如果需要的设定值超过机器范围,我们可以通过几个定时器和计数器的串联组合来扩充设定值的范围。

B.3.4 计数器认识实验

B.3.4.1 计数器认识实验程序(见表 B-5)

表 B-5　　　　　　　　　　　　计数器认识实验程序

步序	指令	器件号	说明	步序	指令	器件号	说明
0	LD	X001	输入	6	LD	T0	
1	ANI	T0		7	OUT	C0	计数 20 次
2	OUT	T0	延时 10 s	8		K20	
3		K100		9	LD	C0	
4	LD	X000	输入	10	OUT	Y000	计数满,输出
5	RST	C0	计数器复位	11	END		程序结束

B.3.4.2 实验说明

这是一个由定时器 T0 和计数器 C0 组成的组合电路。T0 形成一个设定值为 10 s 的自复位定时器,当 X0 接通时,T0 线圈得电,经延时 10 s,T0 的常闭触点断开,T0 定时器断开复位,待下一次扫描时,T0 的常闭触点才闭合,T0 线圈又重新得电。即 T0 触点每 10 s 接通一次,每次接通时间为一个扫描周期。计数器对这个脉冲信号进行计数,计数到 20 次,C0 常开触点闭合,使 Y0 线圈接通。从 X0 接通到 Y0 有输出,延时时间为定时器 T0 和计数器 C0 设定值的乘积:$T_总 = 10 \times 20 \text{ s} = 200 \text{ s}$。

B.3.5 计数器扩展实验

B.3.5.1 计数器扩展实验程序(见表 B-6)

表 B-6　　　　　　　　　　　　计数器扩展实验程序

步序	指令	器件号	说明	步序	指令	器件号	说明
0	LD	X001	输入	9		K20	
1	ANI	T0		10	LD	X002	输入
2	OUT	T0	延时 1 s	11	RST	C1	计数器 C1 复位
3		K10		12	LD	C0	
4	LD	C0		13	OUT	C1	计数 3 次
5	OR	X002		14		K3	
6	RST	C0	计数器 C0 复位	15	LD	C1	
7	LD	T0		16	OUT	Y000	计数满,输出
8	OUT	C0	计数 20 次	17	END		程序结束

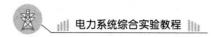

B.3.5.2 实验说明

计数器的扩展与定时器扩展的方法类似。

总的计数值 $C_{总}=20\times3\times1\text{ s}=60\text{ s}$。

B.3.6 交通灯控制的模拟实验

B.3.6.1 交通灯控制的模拟实验程序(见表B-7)

表 B-7   交通灯控制的模拟实验程序

步序	指令	器件号	说明	步序	指令	器件号	说明
0	LD	X000	启动	25	OUT	T2	南北绿灯闪烁
1	ANI	T4		26		K30	
2	OUT	T0	南北红灯亮 25 s	27	LD	T2	
3		K250		28	OUT	T3	南北黄灯亮 2 s
4	LD	T0		29		K20	
5	OUT	T4	东西红灯亮 30 s	30	LDI	T0	
6		K300		31	AND	X000	
7	LD	X000		32	OUT	Y002	南北红灯工作
8	ANI	T0		33	LD	T0	
9	OUT	T6	东西绿灯亮 20 s	34	OUT	Y005	东西红灯工作
10		K200		35	LD	Y002	
11	LD	T6		36	ANI	T6	
12	OUT	T10	东西向车行驶 22 s	37	LD	T6	
13		K220		38	ANI	T7	
14	OUT	T7	东西绿灯闪烁	39	AND	T22	
15		K30		40	ORB		
16	LD	T7		41	OUT	Y003	东西绿灯工作
17	OUT	T5	东西黄灯亮 2 s	42	LD	Y002	
18		K20		43	ANI	T6	
19	LD	T0		44	LD	T6	
20	OUT	T1	南北绿灯亮 25 s	45	ANI	T7	
21		K250		46	ORB		
22	LD	T1		47	OUT	T12	延时 1 s
23	OUT	T11	南北向车行驶 27 s	48		K10	
24		K270		49	LD	T12	

续表

步序	指令	器件号	说明	步序	指令	器件号	说明
50	ANI	T10		67	OUT	T13	延时1 s
51	OUT	Y007	东西向车行驶	68		K10	
52	LD	T7		69	LD	T13	
53	ANI	T5		70	ANI	T11	
54	OUT	Y004	东西黄灯工作	71	OUT	Y006	南北向车行驶
55	LD	Y005		72	LD	T2	
56	ANI	T1		73	ANI	T3	
57	LD	T1		74	OUT	Y001	南北黄灯工作
58	ANI	T2		75	LD	X000	
59	AND	T22		76	ANI	T23	
60	ORB			77	OUT	T22	产生1 s脉冲
61	OUT	Y000	南北绿灯工作	78		K5	
62	LD	Y005		79	LD	T22	
63	ANI	T1		80	OUT	T23	
64	LD	T1		81		K5	
65	ANI	T2		82	END		程序结束
66	ORB						

B.3.6.2 实验说明

本实验在交通灯模拟控制实验区完成,实验装置界面如图 B-1 所示。

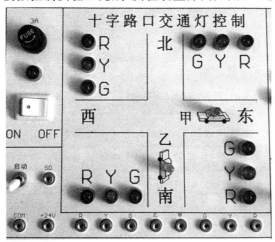

图 B-1 交通灯模拟控制实验装置界面

图中的南北红、黄、绿灯 R、Y、G 分别接主机的输出点 Y2、Y1、Y0,东西红、黄、绿灯 R、Y、G 分别接主机的输出点 Y5、Y4、Y3,模拟南北向行驶车的灯接主机的输出点 Y6,模拟东西向行驶车的灯接主机的输出点 Y7;SD 接主机的输入端 X0。用图中的东、西、南、北四组红、绿、黄三色发光二极管模拟十字路口的交通灯。

控制要求:信号灯受一个启动开关控制,当启动开关接通时,信号灯系统开始工作,且先南北红灯亮,东西绿灯亮。当启动开关断开时,所有信号灯都熄灭。

南北红灯亮维持 25 s,在南北红灯亮的同时东西绿灯也亮,并维持 20 s。到 20 s 时,东西绿灯闪亮,闪亮 3 s 后熄灭。在东西绿灯熄灭时,东西黄灯亮,并维持 2 s。到 2 s 时,东西黄灯熄灭,东西红灯亮,同时,南北红灯熄灭、绿灯亮。

东西红灯亮维持 30 s,南北绿灯亮维持 20 s,然后闪亮 3 s 后熄灭。同时,南北黄灯亮,维持 2 s 后熄灭,这时南北红灯亮,东西绿灯亮。如此周而复始。

当启动开关 SD 合上时,X000 触点接通,Y002 得电,南北红灯亮;同时,Y002 的动合触点闭合,Y003 线圈得电,东西绿灯亮。1 s 后,T12 的动合触点闭合,Y007 线圈得电,模拟东西向行驶车的灯亮。维持到 20 s,T6 的动合触点接通,与该触点串联的 T22 动合触点每隔 0.5 s 导通 0.5 s,从而使东西绿灯闪烁。又过 3 s,T7 的动断触点断开,Y003 线圈失电,东西绿灯灭;此时 T7 的动合触点闭合,T10 的动断触点断开,Y004 线圈得电,东西黄灯亮,Y007 线圈失电,模拟东西向行驶车的灯灭。再过 2 s 后,T5 的动断触点断开,Y004 线圈失电,东西黄灯灭;此时,启动累计时间达 25 s,T0 的动断触点断开,Y002 线圈失电,南北红灯灭,T0 的动合触点闭合,Y005 线圈得电,东西红灯亮,Y005 的动合触点闭合,Y000 线圈得电,南北绿灯亮。1 s 后,T13 的动合触点闭合,Y006 线圈得电,模拟南北向行驶车的灯亮。又经过 25 s,即启动累计时间为 50 s 时,T1 的动合触点闭合,与该触点串联的 T22 的触点每隔 0.5 s 导通 0.5 s,从而使南北绿灯闪烁;闪烁 3 s,T2 的动断触点断开,Y000 线圈失电,南北绿灯灭;此时,T2 的动合触点闭合,T11 的动断触点断开,Y001 线圈得电,南北黄灯亮,Y006 线圈失电,模拟南北向行驶车的灯灭。维持 2 s 后,T3 的动断触点断开,Y001 线圈失电,南北黄灯灭。这时,启动累计时间达 5 s,T4 的动断触点断开,T0 复位,Y003 线圈失电,即维持了 30 s 的东西红灯灭。

上述是一个工作过程,然后再周而复始地进行。

B.3.7 装配流水线模拟控制实验

B.3.7.1 装配流水线模拟控制实验程序(见表 B-8)

表 B-8   装配流水线模拟控制实验程序

步序	指令	器件号	说明	步序	指令	器件号	说明
0	LD	X000	启动	4	LD	T0	
1	ANI	M0		5	OUT	M0	产生脉冲
2	OUT	T0	延时 1 s	6	LD	X001	移位
3		K10		7	OR	M5	

续表

步序	指令	器件号	说明	步序	指令	器件号	说明
8	OUT	M100		39	OR	M131	
9	LD	M2		40	PLS	M10	
10	OUT	M106		41	LD	M11	
11	LD	M3		42	ANI	T21	
12	OUT	M120		43	OR	M100	
13	LD	M4		44	OUT	M11	
14	OUT	M126		45	OUT	T10	延时 5 s
15	LD	M0	移位输入	46		K50	
16	FNC	35	左移位	47	LD	M11	
17		M100	数据输入	48	ANI	T10	
18		M101	移位	49	OR	M12	
19		K5	移位段数:5	50	OUT	M200	
20		K1	1位移位	51	LD	M204	
21	FNC	35	左移位	52	OUT	T11	延时 8 s
22		M106	数据输入	53		K80	
23		M107	移位	54	ANI	T11	
24		K5	移位段数:5	55	OUT	M12	
25		K1	1位移位	56	LD	M10	
26	FNC	35	左移位	57	FNC	35	左移位
27		M120	数据输入	58		M200	数据输入
28		M121	移位	59		M201	移位
29		K5	移位段数:5	60		K4	移位段数:4
30		K1	1位移位	61		K1	1位移位
31	FNC	35	左移位	62	LD	M201	
32		M126	数据输入	63	OUT	T2	延时 3 s
33		M127	移位	64		K30	
34		K5	移位段数:5	65	LD	T2	
35		K1	1位移位	66	OUT	T3	延时 1.5 s
36	LD	M105		67		K15	
37	OR	M111		68	ANI	T3	
38	OR	M125		69	OUT	M2	

续表

步序	指令	器件号	说明	步序	指令	器件号	说明
70	LD	M202		101	OR	M122	
71	OUT	T4	延时 3 s	102	OR	M128	
72		K30		103	OUT	Y004	传送带
73	LD	T4		104	LD	M103	
74	OUT	T5	延时 1.5 s	105	OR	M109	
75		K15		106	OR	M123	
76	ANI	T5		107	OR	M129	
77	OUT	M3		108	OUT	Y005	传送带
78	LD	M203		109	LD	M104	
79	OUT	T6	延时 3 s	110	OR	M110	
80		K30		111	OR	M124	
81	LD	T6		112	OR	M130	
82	OUT	T7	延时 1.5 s	113	OUT	Y006	传送带
83		K15		114	LD	M201	
84	ANI	T7		115	ANI	T2	
85	OUT	M4		116	OUT	Y000	操作 1
86	LD	M204		117	LD	M202	
87	OUT	T8	延时 3 s	118	ANI	T4	
88		K30		119	OUT	Y001	操作 2
89	LD	T8		120	LD	M203	
90	OUT	T9	延时 1.5 s	121	ANI	T6	
91		K15		122	OUT	Y002	操作 3
92	ANI	T9		123	LD	M204	
93	OUT	M5		124	ANI	T8	
94	LD	M101		125	OUT	Y007	仓库
95	OR	M107		126	LD	X002	
96	OR	M121		127	FNC	40	全部复位
97	OR	M127		128		M101	
98	OUT	Y003	传送带	129		M111	
99	LD	M102		130	FNC	40	全部复位
100	OR	M108		131		M121	

续表

步序	指令	器件号	说明	步序	指令	器件号	说明
132		M131		136	OUT	T21	延时 0.1 s
133	FNC	40	全部复位	137		K1	
134		M201		138	END		程序结束
135		M204					

B.3.7.2 实验说明

本实验在装配流水线的模拟控制实验区完成,实验装置界面如图 B-2 所示。

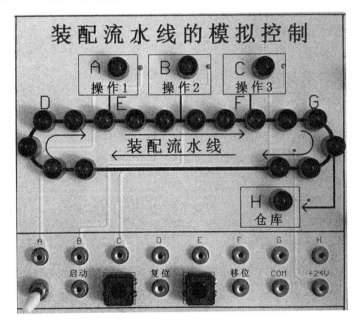

图 B-2 装配流水线的模拟控制实验装置界面

图中上框中的 A~H 表示动作输出(用 LED 发光二极管模拟),下框中的 A、B、C、D、E、F、G、H 插孔分别接主机的输出点 Y0、Y1、Y2、Y3、Y4、Y5、Y6、Y7。启动、移位及复位插孔分别接主机的输入点 X0、X1、X2。

传送带共有 16 个工位,工件从 1 号位装入,分别在 A(操作 1)、B(操作 2)、C(操作 3)3 个工位完成三种装配操作,经最后一个工位后送入仓库;其他工位均用于传送工件。

使用移位寄存器指令,可以大大简化程序设计。移位寄存器指令所描述的操作过程如下:若在输入端输入一串脉冲信号,在移位脉冲的作用下,脉冲信号依次移到移位寄存器的各个继电器中,并将这些继电器的状态输出,每个继电器可在不同的时间内得到由输入端输入的一串脉冲信号。

附录 C　微机励磁调节器的显示量的意义

1. Ug:发电机机端电压给定值

2. Ub:发电机机端电压基准值

3. U1:发电机机端电压励磁专用电压互感器测量值

4. U2:发电机机端电压仪表用电压互感器测量值

5. Uf:发电机机端电压

6. US:发电机并列母线电压

7. ILg:发电机励磁电流给定值

8. ILdc:发电机励磁电流

9. UL:发电机励磁电压

10. F:发电机频率

11. P:发电机输出的有功功率

12. qg:发电机无功功率给定值

13. q:发电机输出的无功功率

14. ql:发电机低励限制

15. cc:全控桥控制角

16. IA:发电机 A 相电流

17. IB:发电机 B 相电流

18. IC:发电机 C 相电流

19. dd:发电机出口对无穷大系统功率角

参考文献

[1]韩学山,张文.电力系统工程基础.北京:机械工业出版社,2012.

[2]夏道止.电力系统分析.2版.北京:中国电力出版社,2011.

[3]刘振亚.全球能源互联网.北京:中国电力出版社,2015.

[4]李光琦.电力系统暂态分析.北京:中国电力出版社,2007.

[5]张保会,尹项根.电力系统继电保护.2版.北京:中国电力出版社,2009.

[6]赖振学.智能电网技术.北京:中国电力出版社,2013.

[7]武汉华大电力自动技术有限责任公司.WDT-ⅢC型电力系统综合自动化试验台使用说明书,2007.

[8]武汉华工大电力自动技术研究所.PS-5G型电力系统微机监控试验系统使用说明书,2007.

[9]王葵,孙莹.电力系统自动化.3版.北京:中国电力出版社,2011.

[10]张凤鸽.电力系统动态模拟计算.北京:机械工业出版社,2014.

[11]王士政.电力系统控制与调度自动化.2版.北京:中国电力出版社,2012.

[12]刘天琪.现代电力系统分析.北京:中国电力出版社,2007.

[13]陈珩.电力系统稳态分析.3版.北京:中国电力出版社,2007.